Modelo de Atención y Respuesta a Situaciones (MARS)

Caso de Estudio
Calidad, Salud, Seguridad y Ambiente.

Manuel C. García P.

Copyright © 2024 Manuel García P.
Todos los derechos reservados.
ISBN: 9798321547014

DEDICATORIA

A mi familia, continuamos con los hilos de Dios y la Virgen.

A mis colegas que se han dedicado a transitar ese exigente y retador camino de la Calidad, Salud, Seguridad y Ambiente, y que cada vez se esmeran en innovar métodos de trabajo para formar lideres en esas áreas.

¡Adelante en este noble esfuerzo!

AGRADECIMIENTO

Quiero expresar mi más sincero agradecimiento a mi grupo MARS en CSSA por impulsar la idea de personificar los distintos roles clave dentro del modelo. Su apoyo ha sido invaluable y ha contribuido significativamente al éxito de nuestro proyecto. ¡Gracias por ser una fuente constante de inspiración!

A los integrantes de la Red MARS en CSSA por sus valiosos comentarios y reconocimientos. Su participación demuestra la pasión y el esfuerzo compartido por avanzar en la gestión de CSSA.

Agradecimiento especial al Licenciado Gregory García por su apoyo y dedicación en plasmar en forma gráfica, la diversidad de las conductas esperadas por los distintos actores que intervienen en la aplicación del MARS en CSSA.

Para contacto o consulta sobre el MARS aplicado a Calidad, Salud, Seguridad y Ambiente, puede hacerlo a través de:

Website: http://www.spaprofs.com.

Correo electrónico: MARS@spaprofs.com

Facebook: MARS MARS at MARS@spaprofs.com

LinkedIn: MARS MARS at MARS@spaprofs.com

Twitter: @MARS MARS

Los actores de este libro no representan a ningún personaje de la vida real, y la existencia de alguna conducta, parecido o rasgo común es mera coincidencia.

Los personajes que explican los procesos de este libro son autoría del Lic. Gregory García.

Este libro ha sido analizado para un mayor apoyo al lector por: OpenAI. (2023). ChatGPT (September 25 Version).

✓ Contenido

PREFACIO	15
EL CASO DE ESTUDIO	19
1. CONCEPTUALIZACIÓN DEL MARS EN CSSA.	**29**
1.1 Las generalidades del MARS en CSSA.	32
1.2 La naturaleza del MARS en CSSA.	37
1.3 Resumen Capítulo I.	42
2. FUNDAMENTOS DEL MARS EN CSSA.	**47**
2.1 El contexto.	49
2.2 El posicionamiento estratégico.	54
2.3 Los valores centrales y su efecto en CSSA.	57
2.4 El propósito en CSSA.	59
2.5 Metas audaces y excepcionalmente retadoras en CSSA.	61
2.6 La descripción de la visión en CSSA.	64
2.7 Resumen Capítulo II.	66
3. SERVICIOS EN CSSA.	**71**
3.1 La cadena de valor en CSSA.	72
3.2 Los factores de competencia en CSSA.	75
3.3 Las ofertas de servicios en CSSA.	77
3.4 La matriz de valor – beneficio en CSSA.	78
3.5 La relación valor – costo en CSSA.	80
3.6 El análisis ERIC en CSSA.	85
3.7 Resumen Capítulo III.	87
4. GENTE EN CSSA.	**91**
4.1 Primera parte: Gente positiva.	93
4.1.1 Pensar en positivo.	*95*
4.1.2 Decidir en positivo.	*96*
4.1.3 Ejecutar en positivo.	*97*
4.2 Segunda parte: Hábitos positivos.	98
4.2.1 El conocimiento para formar buenos hábitos.	*99*
4.2.2 La habilidad para formar buenos hábitos.	*100*
4.2.3 La motivación para formar buenos hábitos.	*101*
4.3 Resumen Capítulo IV.	102
5. GESTIÓN EN CSSA.	**107**
5.1 La situación del contexto.	109
5.2 La estrategia de la situación.	110
5.3 Las características de las estrategias.	114
5.4 Realidad de la circunstancia.	116
5.5 Evaluación del caso de estudio.	118
5.6 Tratamiento de las opciones.	119
5.7 Oportunidades para enfrentar la situación.	121
5.8 Resumen Capítulo V.	122
6. INTERACCIONES EN CSSA.	**127**
6.1 La energía central.	128
6.1.1 El mejor beneficio: promesa y compromiso.	*128*

6.1.2   La mejor oferta de servicio: promesa y foco. 129
6.1.3   La mejor gente: compromiso y disciplina. 130
6.1.4   El mejor resultado: foco y disciplina. 131
6.2 LA ENERGÍA DE LOS FACTORES CRÍTICOS DE ÉXITO. 131
6.2.1   La promesa como factor clave de éxito en CSSA. 132
6.2.2   El compromiso como factor clave de éxito en CSSA. 132
6.2.3   El foco o prioridad como factor clave de éxito en CSSA. 134
6.2.4   La disciplina como factor clave de éxito en CSSA. 134
6.3 LA ENERGÍA DE CALIDAD. 135
6.3.1   La estrategia como atributo de calidad en CSSA. 136
6.3.2   Validar los valores como atributo de calidad en CSSA. 137
6.3.3   La oportunidad como atributo de calidad en CSSA. 138
6.3.4   La efectividad como atributo de calidad en CSSA. 139
6.4 LA ENERGÍA DE CULTURA. 140
6.4.1   La interdependencia como atributo de cultura en CSSA. 140
6.4.2   La congruencia como atributo de cultura en CSSA. 142
6.4.3   La eficiencia como atributo de cultura en CSSA. 143
6.4.4   La consistencia como atributo de cultura en CSSA. 144
6.5 LA ENERGÍA PERIMETRAL. 145
6.5.1   La alineación como factor clave de éxito en CSSA. 146
6.5.2   El desempeño como factor clave de éxito en CSSA. 147
6.5.3   La pasión como atributo perimetral en CSSA. 148
6.5.4   El esfuerzo como atributo perimetral en CSSA. 149
6.6 LA SOSTENIBILIDAD DEL MODELO. 150
6.7 RESUMEN CAPÍTULO VI. 151

7. PROTOCOLOS DEL MARS EN CSSA.   157
7.1 PROTOCOLO CONCEPTUAL. 157
7.2 PROTOCOLO ENERGÍA DE SISTEMAS. 158
7.2.1   Fundamentos. 158
7.2.2   Oferta de servicios. 158
7.2.3   Gente. 159
7.2.4   Gestión. 160
7.3 PROTOCOLO ENERGÍA CENTRAL. 161
7.3.1   El mejor beneficio. 161
7.3.2   El mejor servicio. 161
7.3.3   La mejor gente. 162
7.3.4   El mejor resultado. 162
7.4 PROTOCOLO ENERGÍA DE FACTORES CRÍTICOS DE ÉXITO. 163
7.4.1   La promesa de valor. 163
7.4.2   El compromiso responsable. 163
7.4.3   El foco o prioridad. 163
7.4.4   La disciplina operacional. 164
7.5 PROTOCOLO ENERGÍA DE CALIDAD. 164
7.5.1   La estrategia. 164
7.5.2   La validación de los valores. 165
7.5.3   La oportunidad. 166

7.5.4 La efectividad.	*166*
7.6 Protocolo energía de cultura.	167
7.6.1 La interdependencia.	*167*
7.6.2 La congruencia.	*167*
7.6.3 La eficiencia.	*168*
7.6.4 La consistencia.	*168*
7.7 Protocolo energía perimetral.	169
7.7.1 La alineación.	*169*
7.7.2 El desempeño.	*170*
7.7.3 La pasión.	*170*
7.7.4 El esfuerzo o empeño.	*171*
7.8 Protocolo de sostenibilidad.	171
7.9 Resultados de los protocolos en CSSA.	172

Prefacio

El Modelo de Atención y Respuesta a Situaciones (MARS) es una herramienta diseñada para analizar contextos diversos y lograr una posición óptima acorde a la referencia que los caracteriza[1].

A través del MARS, nos sumergimos en una búsqueda profunda para desentrañar su aplicabilidad en el campo de Calidad, Salud, Seguridad y Ambiente (CSSA). De este modo, se nos presenta una oportunidad única para desafiar y demostrar la eficacia del MARS en un dominio vital para el bienestar de las personas y la sostenibilidad empresarial.

En el amplio espectro de niveles culturales que definen el ámbito de CSSA, nos encontramos con situaciones que varían desde el estancamiento evidente hasta estándares de excelencia que garantizan la solidez financiera del negocio. La experiencia acumulada a lo largo de una extensa carrera en distintos contextos organizacionales de estas funciones nos ha permitido atestiguar la dinámica constante y el cambio incesante que define el mundo de CSSA.

Si imaginamos un mapa representativo de estas situaciones, observaremos un espectro que abarca desde la mera gestión operativa hasta la excelencia sistémica. En muchos casos, los objetivos y metas específicas ni siquiera están definidos, subrayando la necesidad imperante de un enfoque más sistemático y efectivo.

El propósito es presentar un caso de estudio dentro de este ámbito funcional, desglosando cada paso esencial del MARS para resolver desafíos en este terreno específico e ilustrar las bondades y flexibilidad de esta herramienta universal. Esto permitirá a los profesionales de CSSA adaptar y personalizar el uso del MARS para afrontar necesidades específicas en sus áreas de influencia.

A lo largo del desarrollo de este caso de estudio, se abordarán los siguientes aspectos:

---

[1] Modelo de Atención y Respuesta a Situaciones **(MARS)**- Manuel C. García P. Publicado el 03-09-2021.**ISBN: 9798510341362**

1. Definición de un contexto representativo que ejemplifique cualquier negocio o necesidad productiva en CSSA, identificando variables de análisis clave y estableciendo un posicionamiento moderno que desafíe paradigmas tradicionales. También se explorarán valores centrales alineados con factores críticos de éxito, se establecerán propósitos de alto nivel y se definirán metas ambiciosas.

2. Ofrecimiento de servicios básicos hasta alcanzar el mejor posicionamiento del negocio, caracterización de estrategias para cubrir una cadena de valor que atienda diversas situaciones y factores de competencia. Además, se establecerán líneas base, matrices de beneficio y utilidad, así como opciones de servicios con ofertas de alto valor.

3. Profundización en los actores que tienen un impacto significativo en la toma de decisiones, barreras, apoyo y resultados en CSSA. A través de la caracterización de personajes, se dará vida a estos roles, ilustrando cómo piensan, deciden y actúan, así como los hábitos y comportamientos deseables que deben exhibir para ser verdaderos líderes en sus respectivas áreas de influencia, especialmente el líder de CSSA que toda empresa desea tener.

4. Adaptación de una metodología llamada SECRETO propia del MARS para caracterizar nuestro caso de estudio, mostrando cómo todos los sistemas del MARS se correlacionan para enfrentar desafíos, aprovechar oportunidades y alcanzar resultados sobresalientes o excepcionales.

Este material busca no solo presentar una perspicacia profunda en el Modelo MARS, sino también proporcionar un recurso valioso y práctico para aquellos que buscan elevar los estándares de CSSA en sus organizaciones. Con este enfoque moderno y una alta comprensión de los retos específicos de CSSA, estamos seguros de que los profesionales de estas funciones estarán mejor preparados para enfrentar y superar obstáculos, contribuyendo a un futuro de negocios sostenibles y resilientes.

Introducción

"La aplicación de un caso de estudio proporciona lecciones valiosas que pueden ayudar a mejorar la cultura y los resultados en Calidad, Salud, Seguridad y Ambiente"

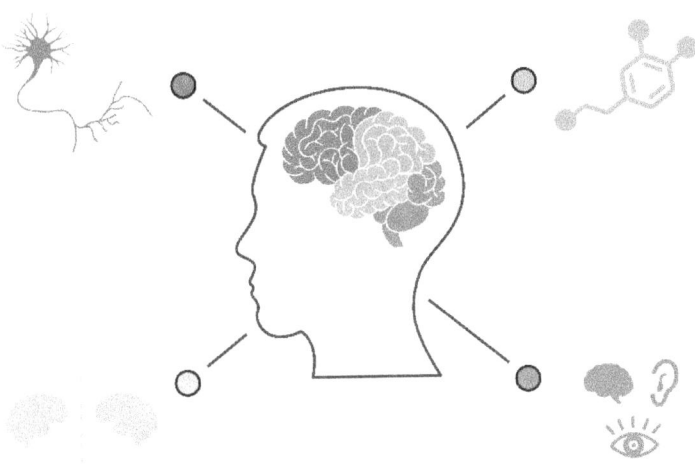

El caso de estudio.

El caso de Estudio

Todo se origina en una entidad estatal clave en la industria global de petróleo y energía desde la época de la nacionalización de este sector hasta la actualidad. La narrativa de la corporación está influenciada por las culturas heredadas de las transnacionales que operaban previamente en el país, resaltando inicialmente un alto nivel de productividad. Sin embargo, la empresa experimentó un cambio radical y generalizado que resultó en un notable deterioro, instando a la identificación de un punto de quiebre para iniciar las transformaciones necesarias y encaminar a una nueva Agencia Sostenible de Petróleo y Energía para los Ciudadanos.

En nuestro análisis, desglosaremos esta trayectoria en periodos representativos de 20 años, lo que nos permitirá diferenciar y enfocarnos claramente en las gestiones pasadas de las funciones críticas de Calidad, Salud, Seguridad y Ambiente (CSSA) como contexto de trabajo principal.

Este estudio tiene como propósito iluminar la transformación de la nueva empresa y su recuperación funcional de CSSA, identificando necesidades emergentes y desafíos que surgen en su búsqueda por alcanzar los estándares más elevados y un posicionamiento moderno en dicho campo. A través de este análisis, exploraremos los momentos cruciales, las acciones emprendidas y los caminos que la corporación debe recorrer para restablecer su excelencia en CSSA y reafirmar su compromiso con la sostenibilidad y el bienestar de su comunidad y entorno.

La información de este caso de estudio se describe a continuación:

1. **Durante dos décadas (1982–2002),** la empresa estatal experimentó un progreso significativo en su cultura de CSSA. Este avance se evidenció a través de la implementación de programas fundamentales, la internalización de principios esenciales en todas las áreas, la adopción de enfoques innovadores y la integración de procesos preventivos. La empresa se posicionó como líder y competidora destacada en CSSA, logrando hitos importantes en gobernabilidad, profesionalismo y consolidación de fundamentos clave para avanzar hacia indicadores y estándares de desempeño.

Destaca especialmente la aplicación de un modelo de gestión alineado con una estrategia perfectamente definida y aceptada por toda la organización en sus distintos niveles. Sin duda, se constata una gestión excelente con resultados concretos.

2. **Veinte años después (2002-2022),** la corporación en todos los ámbitos de negocios enfrenta una situación crítica en CSSA, con las siguientes características:

a. La cultura de CSSA ha caído a niveles muy deficientes, mostrando productos defectuosos, accidentes con fatalidades múltiples, daños ambientales y un impacto negativo en las comunidades locales.

b. Se ha perdido la creación de valor, con una disminución en la productividad, la capacidad de ofertas de servicios y la necesidad de importar productos que antes eran fabricados internamente.

c. Los criterios de tolerabilidad de riesgos se ignoran debido a la pérdida de integridad y confiabilidad de los procesos, lo cual ha traído una escalada de siniestralidad que ha dejado muchos sistemas de control de emergencias fuera de servicio.

d. En agosto de 2012, una explosión en una instalación de almacenamiento de gas resultó en múltiples fatalidades de personal interno y externo, así como un gran número de heridos tanto dentro como fuera de las instalaciones. Además, se generaron daños estructurales de considerable impacto que llevaron a la suspensión de las operaciones.

e. Casos de derrames de hidrocarburos que han tenido impactos ambientales significativos en el ecosistema, comunidades vecinas, cuerpos de agua, deterioro en la industria de la pesca y cultivo, y en general, afectación de zonas declaradas como protegidas.

f. Se percibe falta de asertividad en garantizar la sostenibilidad económica para los accionistas, que al final son los habitantes representados por el Estado.

g. La pérdida de atención en procesos medulares se debe a paradas no planificadas de equipos y áreas clave.

h. Se presentan escándalos emblemáticos de corrupción y problemas de gestión, en todos sus niveles de las áreas funcionales y medulares.

i. El personal no se identifica con los fundamentos de creación de valor y el propósito de la empresa.

j. Se ha perdido el sentido profesional del personal en sus tareas fundamentales.

k. No existe un sistema de gestión capaz de abordar la calidad y la cultura organizacional y se observa poca alineación entre indicadores clave de desempeño.

3. **El objetivo del caso de estudio** se centra en encontrar el punto de inflexión para:
a. Atender las necesidades inmediatas dentro de un Plan Táctico de Emergencia (PTE).
b. Guiar hacia la recuperación de la cultura y mejora continua.
c. Transitar hacia un posicionamiento de alto estándar en CSSA.

4. **Enfoque del estudio:** Se aplicarán los protocolos del Modelo de Atención y Respuesta a Situaciones (MARS) para emprender:
a. Sistema de entrada: Evaluar el contexto actual y las necesidades inmediatas, corto y mediano plazo, que motiven a la transformación cultural de una empresa moderna.
b. Promesa de valor: Definir cómo se pueden implementar las mejores prácticas asociadas a una cadena de valor en CSSA que se integre a los procesos medulares de los distintos negocios.
c. Gente como actores clave: Renovar y capacitar al personal con el perfil requerido para enfrentar las circunstancias actuales, y que contribuya al posicionamiento en el que se declare y acuerde trabajar.
d. Gestión operacional: Implementar medidas urgentes y sistémicas que tome en consideración los aportes holísticos de los elementos precedentes.

5. Como parte del proceso de transición, el personal debe implementar de inmediato los planes tácticos de emergencia que se han estado desarrollando de manera independiente al deterioro experimentado en la segunda fase de transformación de las respectivas áreas funcionales. Estos protocolos entrarán en vigor desde el comienzo de la transición, con medidas urgentes y sistémicas a corto y mediano plazo.

6. Los accionistas han optado por ajustar el equipo directivo con el objetivo de llevar a cabo una reingeniería completa. Buscan configurar un equipo táctico capaz de asumir el nuevo desafío y aprovechar las oportunidades de cambio en los procesos esenciales y de soporte.

Esta estructura organizacional[2] está conformada por los actores siguientes:

Vikto y Nathy, dos figuras sobresalientes que son verdaderos ejemplos de resiliencia y determinación. Ellos personifican los valores y principios de la clase media, de integridad, en un entorno donde la riqueza de hidrocarburos coexiste con la influencia de la política. Su historia es un recordatorio constante de que, incluso en un contexto marcado por desafíos y obstáculos, el espíritu humano puede perseverar y florecer.

Vikto y Nathy son el reflejo de una población que anhela un futuro más brillante y que está dispuesta a trabajar arduamente para alcanzarlo, y por ello son referentes de los accionistas principales de la empresa estatal que son los ciudadanos.

Manny, un destacado ingeniero con especialización en sistemas gerenciales y una extensa trayectoria en la industria del petróleo y gas. Su versatilidad le ha permitido ocupar roles directivos y gerenciales, donde ha demostrado su innata habilidad para administrar recursos de manera eficiente.

Grila es la directora de planificación y gestión cuya dedicación y compromiso son incuestionables, y sus logros reflejan su excepcional capacidad para alcanzar metas en beneficio de la organización. Su carisma y empatía son notables, trascendiendo las expectativas convencionales. Es un auténtico modelo de liderazgo.

Mayhe, en su rol como directora de funciones de apoyo, representa un activo invaluable para la empresa. Con dos títulos en administración de recursos y empresas, se destaca por su aguda inteligencia y su habilidad para encontrar soluciones rápidas a situaciones complejas.

---

[2] (*) Estos personajes no representan a ninguna persona de la vida real y cualquier aspecto común es mera coincidencia. La descripción de cada uno obedece a una finalidad didáctica para soportar el caso de estudio. La descriptiva ha sido apoyada por OpenAI. (2023). *ChatGPT* (September 25 Version)

Josep, en su rol como director de nuevos desarrollos, lleva sobre sus hombros una responsabilidad crítica para la organización. Su habilidad para enfrentar desafíos y aprovechar oportunidades emergentes es inigualable. Eso lo destaca por su adaptabilidad y habilidad para impulsar nuevos desarrollos.

Khala, en su rol como directora del negocio aguas abajo, desempeña una posición fundamental en el esquema generativo de la empresa. Su determinación y habilidad organizativa son competencias destacadas que le permiten ejercer este exigente cargo con maestría y pulcritud.

Patri, directora de nuevos mercados, destaca como una mujer perseverante y dedicada en su historia profesional. Su incansable búsqueda de oportunidades para la empresa se equilibra hábilmente con su compromiso social, lo cual la convierten en un modelo a seguir por todos.

Louis, el director de informática, es un nombre que resuena con autoridad en su campo. Su carrera es un testimonio vivo de su dedicación a la excelencia y su compromiso inquebrantable con la superación constante. Se destaca por mantenerse actualizado en un campo en constante evolución.

Erika, gerente de procesos del negocio aguas arriba, es una profesional excepcionalmente diligente y organizada. Su audacia al buscar nuevas oportunidades en su campo de influencia demuestra su disposición para asumir riesgos calculados.

Dayan, una joven gerente de procesos aguas abajo, destaca por su singular combinación de conocimientos empresariales en administración de recursos y factores legales. Su excelente desempeño se caracteriza por su determinación y habilidad para encarar retos y necesidades de manera meticulosa y calculada.

Grego; es un joven profesional cuya creatividad excepcional lo ha catapultado a la posición de gerente de procesos de nuevos desarrollos. Su capacidad para afrontar desafíos de manera innovadora ha revolucionado la forma en que la empresa visualiza su estructura organizativa.

Kiker, un ingeniero incansable, encarna la dedicación y la obsesión por la excelencia en su trabajo. Su enfoque se despliega en responsabilidades; estratégicas, tácticas, y en la ejecución de las tareas operativas que son vitales para llevar adelante los procesos medulares de los negocios.

Mauro, un virtuoso que ha demostrado una dedicación inquebrantable en el área de intervención de mantenimiento, donde su misión es garantizar que la operación de los activos sea excepcionalmente confiable. Junto a Kiker forman un "one-two" impecable que cualquier empresa desea tener.

Jhuan, un joven representante del equipo de supervisores emergentes en la empresa, es un sosegado visionario de oportunidades. Él comparte sus planes y proyectos solo después de un meticuloso estudio y planificación, convirtiendo sus hábitos en disciplina que lo llevará al liderazgo en su área de influencia.

Phipe, otro de los jóvenes supervisores de gestión operativa en la rutina diaria. Su trabajo va de la mano con la continuación de sus estudios, inspirado por sus modelos a seguir, con la aspiración de hacer una carrera en la dirección dentro de su línea organizacional.

Zophy, es una joven supervisora extremadamente talentosa con un potencial que supera todas las expectativas. Su habilidad para entablar conversaciones fluidas y transparentes con personas de su edad o mayores demuestra una mente madura, ágil e impresionante.

MARS APLICADO A CALIDAD, SALUD, SEGURIDAD Y AMBIENTE

Stuar es un verdadero activo en el equipo de nómina operativa. Siempre se encuentra dispuesto y listo para acometer y resolver situaciones, ya sean de índole operativa o de mantenimiento. Su dedicación hacia su trabajo es palpable y sus esfuerzos no pasan desapercibidos.

Marhy y Marty son los profesionales de Calidad, Salud, Seguridad y Ambiente (CSSA) más destacados. Estos dos expertos son los guardianes del conocimiento y la implementación de la metodología del Modelo de Atención y Respuesta a Situaciones (MARS) en la empresa. Su profundo entendimiento de esta herramienta los ha llevado a asumir el papel de facilitadores de MARS en toda la corporación. Su compromiso con esta metodología es incuestionable y se refleja en su capacidad para difundir su conocimiento y aplicarla en toda la empresa.

Tchea es el tipo de empleado que, desafortunadamente, representa un verdadero obstáculo para cualquier organización. Su enfoque y comportamiento están en marcado contraste con lo que se necesita para construir una cultura de CSSA sólida y resiliente en cualquier empresa. Tchea parece ir en contra de casi todo lo que la organización representa y aspira a lograr en términos de CSSA. En lugar de contribuir a un entorno de trabajo positivo y a la promoción de valores fundamentales, su presencia y actitudes socavan la moral y la integridad de la empresa. **Su falta de compromiso con los principios de CSSA ha llevado a un deterioro sistemático de la empresa**. Las conductas y actitudes que promueve son perjudiciales en toda la organización, atentando contra el posicionamiento de un negocio sostenible y resiliente. Su enfoque contribuye a la creación de una cultura empresarial tóxica y, en última instancia, perjudica el progreso y el bienestar de todos los involucrados.

Tchea también se caracteriza por justificar sus resultados adversos sin fundamentos sólidos. Su enfoque carece de responsabilidad y transparencia, lo que debilita aún más la confianza y la credibilidad en el entorno de trabajo. Por ejemplo, en una oportunidad declaró ante medios de comunicación que *los derrames de crudo en cuerpos de agua obedecían a un problema visual.*

Tchea es un ejemplo de lo que una empresa debe evitar a toda costa. Su actitud y comportamiento están en desacuerdo con el concepto de meritocracia y son incompatibles con los cargos clave en una organización que busca elevar sus estándares de desempeño en CSSA. Su presencia representa un obstáculo para el éxito de la organización y la construcción de una cultura ejemplar.

Rojas personifica a aquellos trabajadores que durante dos décadas enfrentaron condiciones laborales discriminatorias en el ámbito de CSSA. Es el vivo ejemplo de los hombres y mujeres que día tras día se dirigían a sus lugares de trabajo sin la certeza de regresar sanos y salvos a sus hogares. Son aquellos que soportaron accidentes que los marcaron de por vida, consecuencia de una gestión irresponsable de los aspectos de CSSA que prevaleció durante más de dos décadas. Estos trabajadores también representan a las familias que vieron cómo sus seres queridos sufrían problemas de salud mental irreversibles debido a las terribles condiciones laborales. Son los jubilados cuyos beneficios y derechos fueron desmejorados e, incluso, en algunos casos, eliminados por una administración desastrosa.

En Rojas se concentran los esfuerzos por recuperar la dignidad de aquellos que entregaron una parte significativa de sus vidas en busca de mejores condiciones laborales. Son personas que sufrieron, en carne propia, la humillación, el detrimento de sus ahorros y prestaciones sociales, y la pérdida de calidad de vida.

Rojas es un recordatorio constante de la necesidad de honrar a quienes han sacrificado tanto en su búsqueda de un entorno laboral más seguro, saludable y equitativo. La nueva empresa tiene la responsabilidad de restaurar su calidad de vida y asegurarse de que sus derechos y contribuciones sean reconocidos y recompensados de manera justa.

Este caso de estudio plantea un desafío significativo en la recuperación de una empresa y su transformación en otra que represente una cultura integral de negocio sostenible y resiliente.

Capítulo I.
Conceptualización del MARS en CSSA

"Un conjunto de sistemas en armonía, se impondrá ante lo enigmático y desconocido"

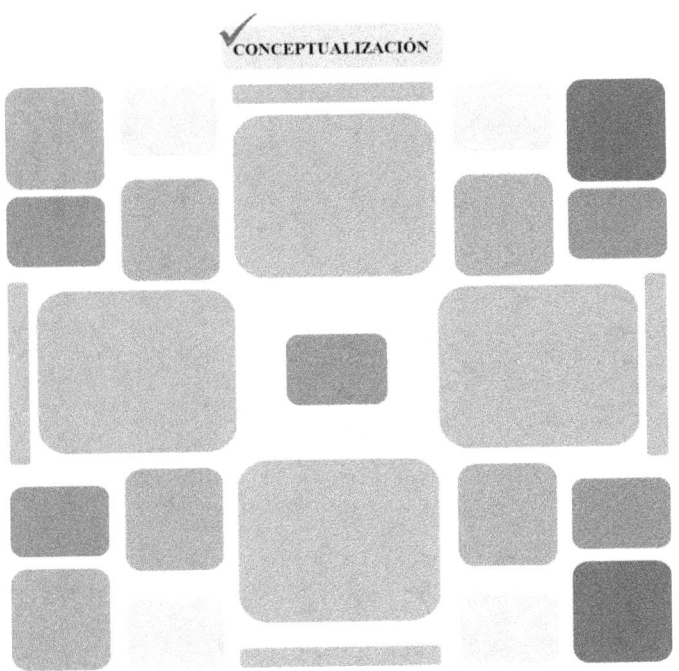

Contenido

- ✓ *Las generalidades del MARS en CSSA*
- ✓ *La naturaleza del MARS en CSSA*
- ✓ *Resumen Capítulo I*

1. Conceptualización del MARS en CSSA.

En la reunión de inicio de la Junta de Accionistas, integrada por los titulares y directores de cada uno de los negocios, se abordó como uno de los temas principales la lucha contra el deterioro sistémico de la empresa en todos sus aspectos, incluyendo la esfera de CSSA.

Vikto, en su papel de presidente, inició señalando; *el problema actual radica en desviaciones en las raíces estructurales de toda la corporación.* Propuso profundizar en la referencia destacada en la figura 1. En esta, afirmó; *la función de CSSA es un escenario transversal para toda la empresa, caracterizado por un periodo de avance sostenido, seguido por un quiebre de deterioro. Este daño se atribuye a deficiencias en los elementos fundamentales, baja confiabilidad, comportamientos adversos y fallos en la gestión de la función. En última instancia, todo esto puede resultar en un escenario potencial que conlleve a la pérdida de negocio".*

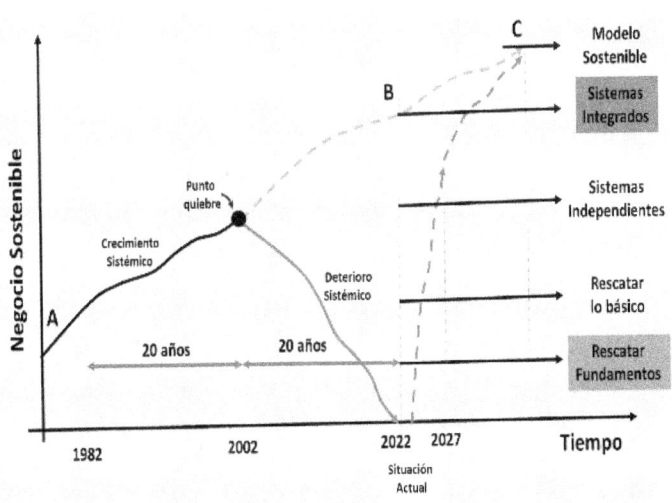

Figura 1 Pasado, Presente y Futuro del Negocio Sostenible

En la junta, se acordó recurrir a un modelo sinérgico para encarar la emergencia y, simultáneamente, avanzar de manera estructurada hacia la recuperación, transformación y logro de los objetivos. Por ende, se reconoció que los esfuerzos deben originarse desde el nivel corporativo y permear sólidamente hacia las bases, liderados con firmeza, para lograr los cambios esperados de manera expedita.

La ventana de tiempo para retomar el rumbo y alcanzar los diversos hitos de referencia sería iniciando el rescate de los fundamentos y el esfuerzo básico durante el primer año. Posteriormente, de manera más sistemática, se avanzaría hacia los niveles subsiguientes, contribuyendo así a que el plan de negocios de la empresa logre un posicionamiento sostenible.

Nathy y Vikto continuaron expresando; *esta junta será la patrocinadora de la propuesta de cambio que surja y tendrá todo nuestro respaldo, dada la importancia y urgencia que la misma reviste.* Para cumplir con el objetivo, se encargó la presentación, en las dos siguientes semanas, de la conceptualización de la metodología de análisis correspondiente al caso de estudio, es decir, la exposición de motivos mencionada en la introducción.

En la junta, se asignó a **Manny**, director del Negocio aguas arriba y también accionista de la empresa, para liderar las actividades de la propuesta funcional en CSSA. Manny, un talentoso ingeniero con amplia experiencia en temas empresariales, goza de gran respeto en la corporación y es una de las personas en las que los accionistas confían y brindan su apoyo. Además, ha colaborado estrechamente con Vikto desde hace mucho tiempo.

Manny sugirió; *que se empleara **el** Modelo de Atención y Respuesta a Situaciones (MARS) para estudiar el caso. A través del Comité de Negocios, cada una de las áreas medulares y funcionales involucradas debe presentar el progreso de los hitos del MARS.* Además, alentó a proporcionar los recursos necesarios para avanzar en la nueva dirección, así como a desarrollar las competencias requeridas para alcanzar el modelo de negocio sostenible señalado en la presentación de Vikto.

Al día siguiente de su nombramiento, Manny reunió al equipo de trabajo de CSSA para preparar la propuesta de conceptualización del MARS aplicado a este ámbito.

Dentro del equipo de trabajo inicial, se convocó a **Marhy** y **Marty**; ambos con amplia experiencia profesional. Marhy en su rol de Gerente Funcional Corporativo de CSSA de la empresa, y Marty como Gerente Operativo de CSSA en el negocio donde Manny es su director.

Marhy se especializó en temas operativos y ya había ocupado el cargo de gerente funcional de CSSA como parte de su plan de carrera, acumulando una experiencia laboral de 21 años en unidades de negocios similares a la actual. Esta última empresa representa la mayor parte de su carrera profesional. Marhy ha colaborado directamente con Manny cuando este ocupaba una gerencia operativa en una empresa anterior, por lo que ambos se tienen en alta estima y están familiarizados con sus estilos de liderazgo y gestión. Al igual que Manny, Marhy maneja de manera efectiva el MARS como herramienta de apoyo para abordar los temas de CSSA y está certificada como coach en esa metodología.

Por su parte, **Marty** cuenta con 25 años de experiencia en el ámbito de CSSA a lo largo de toda su carrera, goza de prestigio y autoridad en el campo, y reporta funcionalmente a la gerencia corporativa de CSSA. Marty ha construido una relación de confianza con Manny desde sus días en una organización con procesos medulares similares a la nueva empresa. Al igual que su colega y supervisora funcional (Marhy), Marty tiene las credenciales para encarar situaciones de CSSA mediante el MARS.

Manny sabía que había varias personas familiarizadas con el MARS, pero preguntó específicamente *si alguien tenía experiencia con su aplicación en el contexto de CSSA*. Tanto Marhy como Marty respondieron afirmativamente, señalando que *todo el equipo de CSSA está siendo capacitado con esa metodología, y pueden aplicar protocolos sistémicos para acometer situaciones en diferentes contextos*.

El director solicitó a ambos que lideraran el requerimiento inicial, es decir, la elaboración de la conceptualización del modelo de acuerdo con la situación actual de la empresa. Marty estuvo de acuerdo de inmediato y destacó la importancia de comenzar abordando las generalidades del MARS aplicado a CSSA. Esto implicaba describir y comprender las características comunes e incluir varios ejemplos que ilustraran los contextos en su estado actual, proporcionando un diagnóstico preliminar de cuánto esfuerzo se necesita para alcanzar un nivel excepcional en esas áreas funcionales.

En segundo lugar, Marty enfatizó; *la necesidad de identificar la naturaleza de la situación actual y hacia dónde dirigir el esfuerzo para lograr un nivel destacado, proporcionando información valiosa sobre las estrategias para generar hitos y puntos de inflexión en el proceso de cambio.*

Manny reafirmó; *es muy importante que presentemos la conceptualización de la aplicación del MARS a CSSA ante un comité extraordinario, al cual asistirá el presidente de la junta de accionistas en dos semanas. Para cumplir con este plazo, el equipo de CSSA deberá llevar a cabo un análisis preliminar de las generalidades y la naturaleza del MARS aplicadas a este caso en un lapso de una semana, según lo esbozado por Marty en su intervención.*

1.1 Las generalidades del MARS en CSSA.

La semana siguiente, después de convocar a una representación sólida del equipo corporativo y funcional de CSSA, se abordó el requerimiento del alcance solicitado, resultando en una propuesta que fue presentada al comité de negocios por Marhy y Marty. Durante la exposición, ambos transmitieron los resultados alcanzados por la función de CSSA sobre el tema en cuestión.

En su explicación, invitaron a seguir lo que denominaron "la carta A" para explorar cada una de las **generalidades del MARS en CSSA**. Simultáneamente, llevaron a cabo un análisis para identificar los preceptos destacados, buscando obtener mayor claridad en este elemento de la conceptualización. Este enfoque proporciona una estructura detallada, permitiendo una exploración profunda de los aspectos clave relacionados con CSSA.

a. De entrada, **Marhy** inicia la conversación con espontaneidad, firmeza y destaca; la *primera premisa clave trata sobre los cambios permanentes experimentados en CSSA a lo largo del tiempo, y* subraya que la *transición de una condición "A" a una "B" puede estar motivada por diversas necesidades, como accidentes, nuevas leyes, reclamos, requerimientos y tendencias. Enfatiza que es normal que estos cambios busquen una mejora continua en el caso de una corporación. No obstante, observa que, en los últimos 20 años, CSSA ha experimentado un cambio hacia una desmejora o deterioro sistémico.*

Ante la insistencia de **Manny** por ahondar, Marhy responde de inmediato; *el gran reto que enfrentamos es considerablemente mayor, ya que se identifica una causa raíz estructural.* Muestra la figura 1.1 y expresa; e*n el fondo, hay un aspecto cultural que es crucial revertir. No se trata simplemente de un estancamiento, sino de una pérdida significativa de los elementos esenciales que una corporación debe exhibir. La necesidad de retomar esos valores es fundamental para regresar al camino de una cultura que, quizás en este momento, no está totalmente alineada con las necesidades de hace 20 años.*

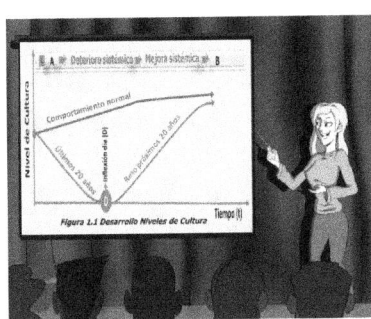

Ante la pregunta de uno de los directores homólogos a Manny, Marhy profundiza y resalta; *la visión que la corporación tenía 20 años antes del punto de quiebre, era consolidar una cultura de CSSA; sin embargo, debido a nuevos elementos y factores (legales, ambientales, políticos, económicos, sociales y tecnológicos), la corporación se ve obligada a adoptar enfoques modernos con especificaciones y alcances más amplios.* Y concluye indicando; *plantearemos estos cambios con más detalle a medida que se avance en los análisis de las necesidades para aplicar el modelo a su contexto específico.*

b. En segundo lugar, **Marhy** expone; *según el MARS, los cambios están intrínsecamente asociados a contextos, los cuales, a su vez, están ligados a una situación específica. Los contextos en CSSA pueden originarse por diversos motivos, tales como; esfuerzos, tendencias, comportamientos, resultados o cualquier problema concreto que requiera atención. Las situaciones, por otro lado, pueden ser positivas, negativas, planificadas o repentinas. Un ejemplo claro sería el reconocimiento de la excelencia en CSSA o el estado de rezago en dicho ámbito.*

En esta premisa, se destaca que todo comienza por definir el estado de la cultura que se busca lograr en CSSA, ya que esta es un componente transversal. Marhy invita al grupo a reflexionar sobre la siguiente pregunta; *¿Podemos definir el contexto y la situación actual de esta corporación?* La respuesta inmediata es un rotundo "Sí", y tras una pausa, continúa; *sin duda, podemos construir los detalles del contexto, teniendo en cuenta la caracterización de los factores y elementos que en estos momentos impactan sobre el mismo. En nuestro caso, contamos con datos sobre hechos, resultados e información acerca del estado patológico en el que ha devenido la empresa.*

En este punto, Manny anticipa; *debemos ser sinceros con la situación actual para conocer nuestra línea base. Es imperativo que todos tengamos la máxima claridad sobre nuestra posición actual.*

c. En la tercera generalidad, **Marhy** nos guía hacia los resultados esperados en la condición B como parte fundamental para alcanzar el posicionamiento deseado de la empresa. Este estado mejorado está respaldado por un estándar comprensible, reconocido y aceptado por toda la organización. En esta premisa, Marhy destaca que; *dados los eventos ocurridos en la empresa,*

es crucial tener una visión clara de hacia dónde debemos dirigirnos. No se trata simplemente de una ilusión o un deseo, sino de una meta necesaria para evitar caer nuevamente en una condición de insostenibilidad e incertidumbre, similar a la que experimentamos en la actualidad.

En este contexto, Manny, demostrando su capacidad de liderazgo, interviene diciendo; *entiendo, es imperativo saber lo que queremos ser para realizar las acciones necesarias*. Marhy valida esta afirmación con un *"Exacto"*.

d. En cuarto lugar, **Marhy** prosigue; *pasar de la condición 'A' a la 'B', en cualquier contexto, situación y resultados con su referencia, se logrará a través de una respuesta sistémica. En el caso de CSSA, se trata de alcanzar la interdependencia de sistemas que funcionan desde lo estratégico hasta lo operativo, pasando por la parte táctica. Esto implica la definición y aplicación de las mejores prácticas de trabajo, normas y procedimientos de CSSA, así como el liderazgo y las personas desempeñando sus diferentes roles y responsabilidades.*

Marhy enfatiza; *el esfuerzo en CSSA se lleva a cabo mediante la interacción de sistemas que trabajan holísticamente para lograr soluciones estructurales.* Destaca que; *gestionar únicamente no es suficiente para asegurar la sostenibilidad del esfuerzo. En esta generalidad, la alineación y el trabajo conjunto con el criterio de sistemas son esenciales, evitando esfuerzos aislados.* Resalta que; *los planes y programas puntuales pueden tener un efecto transitorio y no crear hábitos de largo alcance. El cambio real se alcanza cuando se logra la interdependencia organizacional, donde todo el equipo trabaja de manera holística, reconociendo que, si los resultados no están alineados con un propósito o visión corporativa, es necesario tomar decisiones inmediatas para cambiar de rumbo.*

Al respecto, el director **Josep**, con una licenciatura en mercadeo y experiencia en el desarrollo de nuevos negocios, y visiblemente inmerso en el tema, interviene y pregunta; ¿*sabemos cómo manejar los escenarios y atender las barreras que puedan atentar contra este esfuerzo?*

e. **Marhy** responde; *tal como se observa en esta carta A, la quinta generalidad se centra precisamente en el Modelo de CSSA basado en la interacción de sistemas.*

En un intercambio directo entre estos sistemas, se obtendrían resultados correspondientes a los factores críticos de éxito. A partir de ellos, surgen las interacciones secundarias, que incluyen los atributos del sistema asociados a la calidad y la cultura, la pasión y el esfuerzo como atributos periféricos, y la sostenibilidad del modelo. El intercambio final del modelo parametrizado para afrontar los contextos de CSSA está cubierto por los atributos que identifican el mejor beneficio, la oferta de servicios diamante, el liderazgo requerido y el mejor resultado final en CSSA. Todo este desarrollo estructural se relaciona con niveles de energía que permiten comparar el estado inicial o base con el progreso de CSSA en el modelo, hasta alcanzar el nivel de energía final definido por las especificaciones y el posicionamiento en CSSA.

En este punto, **Manny** interviene; *para los efectos de este foro y el de la junta de accionistas, es crucial comprender que existe toda una metodología que se aplica de manera sistémica para lograr resultados estructurales que aborden las necesidades y retos actuales. Esto asegura que perdure en la corporación, eliminando el temor de caer en la incertidumbre y procurando la sostenibilidad de la gestión y el negocio en toda su amplitud.*

La idea fundamental es que, a partir de estas generalidades y la naturaleza del MARS, se genere un documento de primer nivel que respalde el esfuerzo en las fases subsiguientes. Desarrollaremos estos requerimientos a medida que avanzamos con este enfoque de trabajo en todas y cada una de las áreas funcionales y medulares de la cadena de valor de la corporación.

Esto nos lleva, destaca Marhy; *a la segunda parte de la conceptualización para comprender con más detalle cómo trabaja el modelo según la naturaleza de nuestras necesidades.*

1.2 La naturaleza del MARS en CSSA.

En la explicación de la naturaleza del MARS en CSSA, es fundamental tener claridad sobre cómo se desarrolla toda la cadena o esencia de una empresa para la generación integral de valor. Desde el momento en que surge un contexto hasta llegar a la definición de lo que aspira a ser, y, en el caso de CSSA, identificar las interfaces o mecanismos comunes que suelen

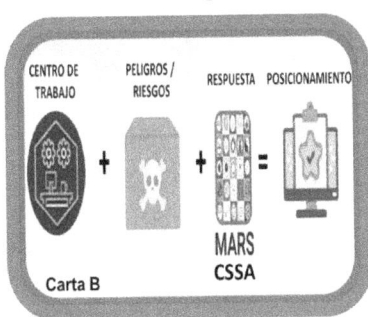

encontrarse en el camino y cómo responder a esos cambios. En términos generales, implica tener conocimiento de un propósito claramente definido y entender qué modelo debe ponerse en práctica para lograr el objetivo colectivamente acordado.

En este contexto, **Marty** expone *que hay cuatro aspectos que definen la* **naturaleza del MARS en CSSA**, *y son los siguientes*:

a. *Cada centro de trabajo está orientado hacia un propósito particular, ya sea como negocio, compromiso social, objetivo a nivel organizacional o colectivo, siempre con el denominador común de la creación de valor. En el caso específico de las funciones de CSSA, nuestro objetivo es contribuir a que los negocios maximicen sus niveles de productividad.* En respuesta a esta

afirmación, **Manny** señala; *hasta ahora, hemos trabajado bajo ese enfoque esencial; sin embargo, considerando la línea base actual y los factores internos y externos que han impactado a la empresa en* *los últimos años, podríamos encontrar variaciones durante la revisión con el MARS. El equipo asiente ante esta posibilidad.*

Marty, al profundizar en este aspecto, destaca que; *en la creación de valor de los negocios o centros de trabajo se llevan a cabo procesos que involucran el manejo de sustancias químicas en términos de calidad y cantidad representativas. También se gestionan equipos con parámetros clave para mantener su integridad mecánica de acuerdo con el servicio que prestan. Se realizan tareas operativas y de mantenimiento que requieren intervenciones cuidadosas, y en general, se controlan áreas desde el punto de vista del ingreso o permanencia. Por lo tanto, lo primero que debemos recalcar es reconocer la naturaleza de nuestras operaciones.*

b. En segundo lugar, **Marty** continúa su explicación, detallando que

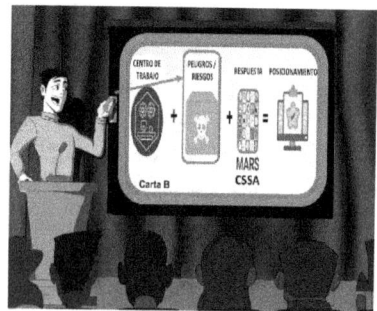

en los elementos de procesos, equipos, tareas y áreas están asociados a peligros que, dependiendo de los niveles de exposición, pueden presentar riesgos considerados extremos o significativos desde el momento en que surgen. Es por esto por lo que, cuando los controles no funcionan debido a diversas razones, pueden ocurrir eventos como el sucedido en 2012, donde una explosión resultó en fatalidades y daños materiales significativos (sin entrar en detalles específicos). También menciona otros eventos mayores que involucran a terceros, causan un impacto irreversible en el ambiente y resultan en la pérdida de continuidad operativa.

Marty concluye, *reconociendo que en todos los centros de trabajo siempre habrá peligros a los cuales debemos aplicar la cadena de valor de CSSA. Esta cadena determinará controles o medidas para prevenir, controlar, recuperar o mitigar los riesgos. Sin estas medidas, la probabilidad de ocurrencia y las consecuencias de un evento son altas, lo que nos expone a sanciones de impacto impredecible.*

c. Este aspecto anterior da paso al siguiente y se refiere a que; *antes*

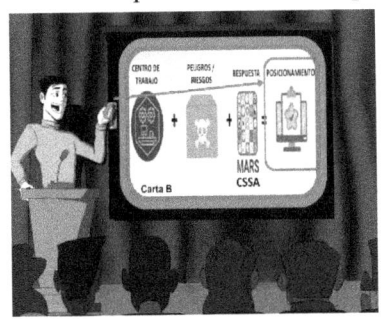

de responder a una situación, es crucial tener claridad sobre las especificaciones del posicionamiento esperado. En este contexto, debemos reconocer que cualquier evento no deseado desde la perspectiva de CSSA puede comprometer la sostenibilidad del negocio, como es el caso actual. Operar a niveles de riesgo fuera de los criterios de tolerabilidad es inaceptable. Es imperativo desmontar mitos o creencias que sugieren que este es simplemente un negocio centrado en la producción, sin tener en cuenta el impacto en otras áreas funcionales. Por el contrario, los resultados en CSSA contribuyen a lograr estabilidad, confianza y motivan el éxito en el desempeño. Manny enfatizó que *cuando se profundice en este elemento dentro de los esenciales de identidad, se podrá aclarar hacia dónde posicionaremos la cultura de esta corporación y cómo se buscará la aprobación por parte de la junta de accionistas.*

d. Seguidamente, **Marty** compartió dentro del MARS aplicado a CSSA (habilitador presentado en la cuarta generalidad de la carta A) que;

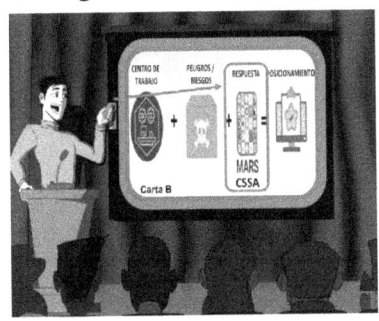

si se busca lograr un cambio en los resultados, es necesario responder a la situación. Esto se logra mediante el desarrollo holístico de cada uno de los sistemas con sus respectivos componentes que conforman el modelo. En este sentido, se presentan:

1) El sistema fundamentos, con sus pilares invariables que buscan apuntalar el modelo.

2) El sistema de servicios, donde se define la cadena de valor para prevenir, controlar, recuperar y mitigar eventos.

3) El sistema gente, donde se determina el compromiso responsable y la disciplina operativa.

4) El sistema de gestión, para asegurar resultados operativos acordes con los más elevados estándares.

La interacción de estos cuatro sistemas del MARS resulta en los seis factores claves de éxito, que nos ayudarán a:

1. Prometer lo que podemos cumplir.
2. Comprometernos para lograr esas promesas.
3. Hacer foco en lo medular y de mayor valor agregado.
4. Ser disciplinados, sustentados en hábitos consistentes.
5. Alinear nuestras acciones con las salidas de los sistemas.
6. Lograr una gestión exitosa.

La interacción secundaria de estos factores de éxito determina:

i) Atributos de calidad relacionados con la estrategia, el cumplimiento de valores, el aprovechamiento de oportunidades y la efectividad del esfuerzo.

ii) Atributos de cultura representados por la interdependencia organizacional, la congruencia en los comportamientos, la eficiencia en el accionar y la consistencia de las decisiones.

iii) Atributos periféricos, donde se resalta la pasión y el esfuerzo.

iv) El atributo de sostenibilidad que demuestra mejora continua.

Además, en el MARS se pueden diferenciar los distintos niveles de energía (sistemas, central, perimetral, sostenibilidad) según las interacciones, lo que permite precisar dónde se encuentran las oportunidades de CSSA.

La directora **Mayhe**, quien lidera la función de Recursos Humanos y cuenta con una amplia experiencia en la implantación de esquemas organizacionales en empresas transnacionales del rubro, después de prestar atención y seguir la presentación de Marty, afirma con seguridad; a todas luces, esto se vislumbra como un desafío significativo considerando los cambios necesarios para revertir la condición actual de la empresa. En consecuencia, plantea la pregunta clave; *¿Cómo se manejará este proyecto?*

Ante la inquietud, **Manny** responde de inmediato; *de entrada, reconocemos que el MARS aplicado en CSSA no es un proyecto, sino una forma de trabajo que marcará el día a día de nuestras funciones. Según la conceptualización del* *modelo, lo aplicaremos de manera simultánea en todas las áreas, ya sean medulares o de soporte. El MARS en CSSA comienza, como ya estamos viendo, desde los niveles superiores y permea toda la organización a través de su estructura y redes de reporte e influencia. Cada miembro, dentro de sus roles y responsabilidades, llevará a cabo lo que el modelo sugiere para lograr los resultados esperados. Por tanto, los actores reconocerán los protocolos de actuación como parte integral de su trabajo, y su nivel de compromiso y disciplina será directamente proporcional a la autoridad que cada uno tenga en su área de liderazgo e influencia.*

En un inciso durante su intervención, Manny dio un par de instrucciones; *en primer lugar, todos los directores y gerentes deben participar en el taller del MARS, que incluirá la lectura del libro; en segundo lugar, la función de CSSA será responsable de proporcionar el coaching, comenzando con la necesidad de formar a la organización en el* **Taller del MARS aplicado a CSSA.**

En la fecha establecida por la secretaría de la presidencia, **Manny**, con el respaldo de **Marhy** y **Marty**, realizó la presentación ante la junta de accionistas. Tras el reconocimiento de la estructura proporcionada en la conceptualización y la calidad del trabajo

realizado, se otorgó la autorización para iniciar el desarrollo del MARS aplicado a CSSA en toda la corporación. Es relevante destacar que **Vikto** ratificó el patrocinio de esta iniciativa, solicitando dedicación exclusiva del equipo de CSSA para las orientaciones necesarias y ofreciendo pleno respaldo en términos de recursos, respaldando el compromiso de la junta en este aspecto.

Manny fue confirmado como el director líder de la implementación del capítulo CSSA del MARS, mientras que tanto Marhy como Marty fueron formalmente designados como soporte para desplegar operativamente el modelo. En consecuencia, iniciaron el protocolo de lanzamiento e implementación de la metodología mediante la sensibilización y la definición de la estructura de cada uno de los sistemas.

Para llevar a cabo este proceso, se acordó que cada área o centro de trabajo tendría un líder y facilitador que reflejaría la estructura corporativa. En otras palabras, se explicitó la responsabilidad de los gerentes operacionales y funcionales para liderar el esfuerzo, y se brindaron instrucciones al personal de CSSA para ofrecer el apoyo correspondiente. El alcance de este enfoque sería abarcar toda la empresa de manera piramidal y transversal, garantizando una total alineación en la aplicación del MARS en CSSA.

1.3 Resumen capítulo I.

Este capítulo da lugar a una reunión de la Junta de Accionistas, liderada por su presidente, donde se resaltan los siguientes aspectos:

1. Preocupación por el deterioro sistémico en la empresa, especialmente en CSSA.
2. Propuesta de utilizar el Modelo de Atención y Respuesta a Situaciones (MARS) para encarar la emergencia. Se estableció un enfoque sinérgico y un compromiso corporativo para revertir la situación.
3. Designación del líder para llevar adelante las actividades del MARS aplicado en CSSA.
4. Los lideres funcionales de CSSA resaltan la importancia de comprender el cambio cultural necesario para rescatar los valores esenciales de la corporación.
5. En presentación al comité de negocios, se explicó las generalidades del MARS en CSSA.
6. Destacaron la necesidad de abordar la pérdida significativa de elementos esenciales y la importancia de definir el contexto actual y la situación deseada.
7. La interdependencia de sistemas y la importancia de lograr soluciones estructurales.
8. Se reconocen las siguientes premisas:
a. Los cambios en CSSA son características permanentes.
b. Los contextos obedecen a situaciones planificadas o no.
c. Los resultados se refieren a un posicionamiento.
d. Para cambiar la situación se debe dar respuesta a la referencia.
e. La respuesta es a través de la interacción holística de sistemas.

f. El modelo responde a sistemas.
g. Los factores de éxitos resultan de la combinación de sistemas.
h. Los atributos surgen de interactuar factores de éxito.
9. Todo centro de trabajo representa un negocio a desarrollar.
10. Reconocimiento que hay peligros asociados a procesos, equipos, tareas y áreas.
11. Para dar respuestas a los peligros, es preciso saber hacia dónde queremos llevar al negocio.
12. Aceptación que el MARS en CSSA no es un proyecto puntual, sino una forma de trabajo integral que afectará todas las áreas de la empresa.
13. Decisión que los directores y gerentes participarán en el taller del MARS.
14. La función de CSSA es la responsable de proporcionar la capacitación necesaria.
15. Presentación ante la junta de accionistas, la cual fue exitosa.
16. Obtención de un respaldo total para la implementación del MARS en CSSA.
17. Ratificación del líder del esfuerzo de transformación de la empresa.
18. Despliegue de las bases teóricas del MARS por parte de los gerentes funcionales de CSSA.
19. Establecimiento de una estructura piramidal y transversal para garantizar una aplicación integral y alineada del MARS en CSSA en ASPEC.
20. Lanzamiento del MARS en CSSA.

Todos estos aspectos son resumidos en seis (6) hitos a lograr en la conceptualización:
A. Reconocimiento de la necesidad de revertir la situación.
B. Las Generalidades del MARS en CSSA.
C. La Naturaleza del MARS en CSSA.
D. Liderazgo y Organización del MARS en CSSA.
E. Formación del MARS en CSSA.
F. Lanzamiento del MARS en CSSA.

Capítulo II
Fundamentos del MARS en CSSA

"En la empresa, es preciso saber lo que queremos ser, para hacer lo que debemos hacer"

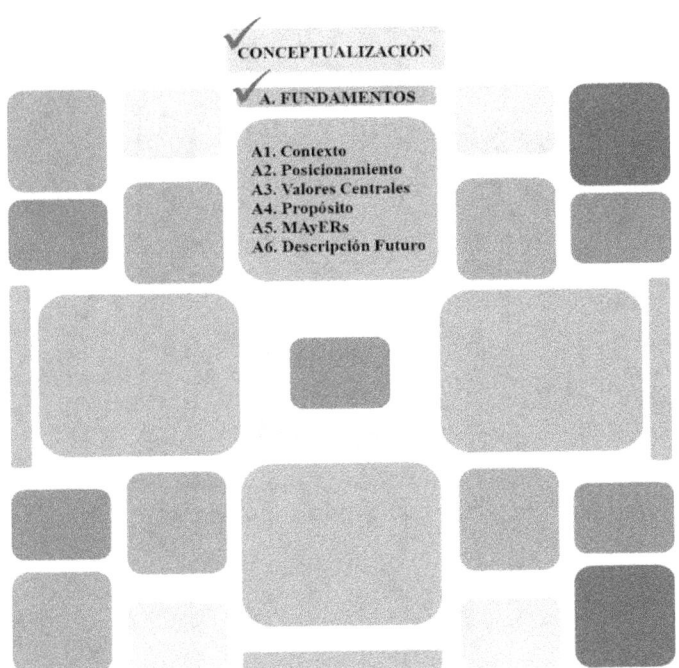

Contenido

- ✓ *El contexto*
- ✓ *El posicionamiento*
- ✓ *Los valores centrales*
- ✓ *El propósito*
- ✓ *Las MAyERs*
- ✓ *La descripción del futuro*
- ✓ *Resumen capítulo II*

2. Fundamentos del MARS en CSSA.

Para el desarrollo del **Sistema Fundamentos** del MARS aplicado a las funciones de CSSA, se conformó un grupo multidisciplinario que abarca diversos niveles estratégicos de la empresa. En esta reunión crucial, **Vikto** y **Nathy** ofrecieron palabras inaugurales, subrayando así el respaldo y la trascendencia de este trabajo para la empresa. El grupo está compuesto por destacados profesionales, con **Manny** a la cabeza como director de negocio aguas arriba y líder principal de la iniciativa. También forman parte del equipo **Grila**, directora de Planificación y Gestión; **Mayhe**, directora responsable de Recursos Humanos y facilitadora de desarrollo organizacional; **Josep**, director de desarrollo de nuevos negocios; **Khala**, directora del negocio aguas abajo; **Patri**, directora de negocios de mercadeo; **Louis**, director de informática; **Grego**, gerente de procesos de nuevos desarrollos; y **Marhy** y **Marty**, gerentes corporativo y operacional de CSSA, respectivamente.

Son precisamente los expertos en CSSA, quienes detallan que; *dentro del marco teórico del MARS, el sistema vinculado a los fundamentos de CSSA es esencialmente estratégico. Sus elementos clave comprenden: a) el contexto o alcance de aplicación del modelo, b) el posicionamiento estratégico deseado, c) los valores fundamentales en relación con la visión, d) el propósito de alto nivel, e) las metas y objetivos que respaldan la promesa de valor, y, por último, f) la visión del futuro previsto para alcanzar esas ambiciosas metas.*

En su explicación, sostienen que; *este sistema genera productos que, a su vez, alimentan otros sistemas. Estos resultados se traducen en factores clave representados por:*

a) La promesa que se puede realizar según los procesos medulares o servicios, validando la estrategia, trabajando con interdependencia, contribuyendo a una mayor pasión como variable de energía y determinando la mejor opción para resolver situaciones específicas de CSSA.

b) El compromiso que debe asumirse en el sistema vinculado a las personas, garantizando el cumplimiento de aspectos esenciales, contribuyendo al esfuerzo como componente de energía, aportando a la calidad del personal en CSSA con la disciplina necesaria y resolviendo las situaciones planteadas en CSSA. Dentro de este elemento es preciso resaltar la importancia que significa poder contar con recursos precursores de cambios con hábitos positivos, como es el caso del actual equipo de dirección en contraste con personajes como la anterior organización que llevó a la corporación a niveles preocupantes de insostenibilidad, los cuales analizaremos en detalle en los próximos elementos.

 Vs

c) La contribución al rendimiento de la gestión basada en la información aportada desde este enfoque estratégico del modelo, que sirve como espejo de lo esperado en el ámbito operativo. En este factor, se busca favorecer la alineación, aprovechar oportunidades y mejorar la efectividad en los esfuerzos de CSSA.

La promesa de valor, el compromiso para resolver las situaciones planteadas y la información para el desempeño general serán, a su vez, insumos para los procesos relacionados con los servicios o la parte dura, las personas o la parte blanda, y la gestión a nivel operacional. Estos tres factores serán abordados detalladamente al analizar las interacciones. En términos de evaluación cuantitativa, se asigna a este sistema un peso relativo del **11/100**.

En la Figura 2, se resume la explicación de este sistema, para ahora dar paso al detalle de cada uno de los elementos que lo conforman.

Figura 2 Sistema fundamentos en CSSA

2.1 El contexto.

Para obtener la declaratoria final del **contexto** que se va a tratar dentro del MARS aplicado a CSSA, **Marhy** inicia su presentación mencionando que; *se deben cubrir cinco pasos*:

1. *El primer paso implica clasificar el contexto según el ámbito de*

mayor incidencia sobre la situación que será o podría ser tratada. Puede haber circunstancias que involucren diferentes aspectos de manera transversal, como el caso de una pandemia. En estos escenarios, es crucial plantear cada aspecto de forma independiente para tener claridad sobre las estrategias a seguir, ya sea para maximizar, minimizar o mantener, dependiendo de la condición resultante.

Por otro lado, en las situaciones que surgen de manera súbita o inesperada, se requiere una planificación previa que permita su abordaje según el modelo. En otras palabras, es fundamental contar con un posible MARS anticipado para hacer frente a esas situaciones imprevistas. En el caso de estudio que estamos examinando, nos enfocaremos en la clasificación de trabajo, aunque puedan surgir situaciones transversales, como la aparición de factores políticos,

legales, sociales o tecnológicos, que exijan una consideración particular. Por ello, es necesario entender que la resultante de los eventos que se han suscitado en ese periodo de deterioro sostenido, sin duda están asociados a causas estructurales que comienzan desde el cumplimiento de los esenciales hasta la ejecución operativa, pasando por las deficiencias y desviaciones que se presentan en la cadena de valor del sistema de servicios y en las fallas del sistema gente.

2. *En segundo lugar, se debe determinar el nivel de alcance del*

contexto, ya sea a nivel individual (afectando a una persona), grupal (impactando a un grupo específico) o global (involucrando a toda una población). Con base en esta característica, el contexto puede ser desarrollado por un experto, como en el caso de coaching o consultoría, o por un grupo de avezados en el tema tratado, como un grupo de tareas.

En este punto, Manny interviene y señala que, *siguiendo las instrucciones de la junta directiva, la implementación del MARS se llevará a cabo para toda la empresa, aprovechando la sinergia con la demanda exigida en las funciones de CSSA. Esta decisión subraya el compromiso de la empresa con la aplicación integral del modelo para optimizar la gestión en estas áreas críticas*

3. En tercer lugar, **Marhy** prosiguió con la identificación de los

factores que inciden en el desarrollo del contexto. *Estos factores pueden clasificarse como* **Políticos** *(relacionados con la aparición de nuevas leyes),* **Económicos** *(como la imposición de nuevos impuestos),* **Sociales** *(involucrando la intervención de comunidades) y*

Tecnológicos (abarcando la introducción de nuevos equipos e inteligencia artificial), por lo que son parte de los llamados factores **PEST**.

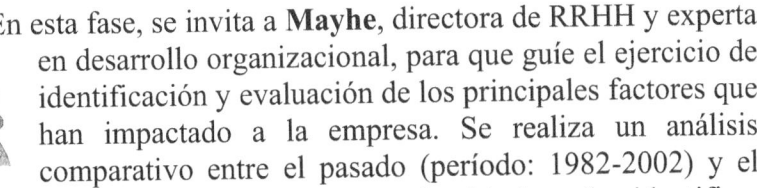

En esta fase, se invita a **Mayhe**, directora de RRHH y experta en desarrollo organizacional, para que guíe el ejercicio de identificación y evaluación de los principales factores que han impactado a la empresa. Se realiza un análisis comparativo entre el pasado (período: 1982-2002) y el presente (período: 2003-2023), con el objetivo de identificar diferencias que ayuden a obtener un diagnóstico de las causas raíz y proporcionar información relevante para los pasos futuros.

Después de un ejercicio grupal y siguiendo la metodología **PEST**, Mayhe presenta los principales puntos clave de estos cuatro factores, que se detallan en la tabla 2.1.

Factor Político			Factor Económico		
Aspecto	Pasado	Presente	Aspecto	Pasado	Presente
Inherencia	No visible	Exclusiva	Sostenible	Generativo	Patológico
Meritocracia	Medular	Inexistente	Propósito	Alto nivel	Fines políticos
Gobernabilidad	Rendición de cuentas	Corrupción	Estrategia	Inversión	Gastos extras
Factor Social			Factor Tecnológico		
Aspecto	Pasado	Presente	Aspecto	Pasado	Presente
Nivel Cultura	Progresiva	Dependiente	Alineación	Actualizada	Rezagada
Participación	Inclusiva	Condicionada	Estrategia	Habilitador	Incierto
Foco	Proyecto País	Segregado según propósito	Mejora continua	Investigar y desarrollar	Estancado

Tabla 2.1 Factores PEST pasado vs presente.

De este análisis, Mayhe expresa; tras *evaluar el pasado y el presente de la empresa, se concluye de manera general que todos los factores PEST impactan significativamente debido a las decisiones tomadas. Se destaca que la prevalencia del factor político fue el elemento estructural que desencadenó la debacle de la empresa, ejerciendo influencia en los aspectos económicos, sociales y tecnológicos. En el pasado, la empresa operaba como un ente estatal que contribuía al proyecto país. Sin embargo, en los últimos 20 años, aunque seguía siendo propiedad del estado, su función se orientó hacia la satisfacción de un proyecto político específico. Este cambio esencial llevó a replantear valores, propósitos, metas y visión, resultando en un redimensionamiento irracional en los sistemas, y fue crucial para diferenciar claramente el antes y el después, con consecuencias ampliamente conocidas.* Esta información, sin duda, será valiosa para la formulación del contexto en nuestro caso, reforzando de cierta manera lo expresado en la junta de accionistas: **el árbol podrido afecta a todas sus ramas, no solo a las más cercanas al tronco.**

4. En el cuarto paso, se lleva a cabo el análisis de las competencias internas y externas para determinar con mayor precisión las fortalezas, debilidades, oportunidades y amenazas. El cruce de estas variables proporcionará información crucial sobre el punto de partida o condición A, como se ha mencionado en las generalidades y naturaleza del MARS.

En este punto, **Mayhe**, con su experiencia en la función, destaca que; *todas las fortalezas que la empresa poseía en el pasado se han transformado en debilidades en la actualidad, y las oportunidades que no se aprovecharon representan ahora una amenaza.* Invita a repasar el ejercicio FODA realizado durante la fase de factibilidad, utilizando los factores identificados en el análisis PEST para descubrir nuevos aportes a la formulación del contexto del caso. Este despliegue, considerando el trabajo previo, fue relativamente rápido. Mayhe recopiló valiosa información, presentada de manera resumida en la figura 2.2. Según esta representación, expresa lo siguiente; *se reconoce una nueva directiva y la incorporación de personal clave con pensamientos, decisiones y actuaciones alineadas con el compromiso responsable y la disciplina necesaria para el rescate de la empresa y su reposicionamiento. Se visualiza la posibilidad de constituir una organización de alto rendimiento con los conocimientos, habilidades y motivación necesarios para instaurar el modelo. Se reconoce que el nuevo personal se mantiene actualizado en los requerimientos energéticos de los acuerdos internacionales y las tendencias en el uso de energía renovable. En otras palabras, se busca de entrada tener una organización libre de personas como la que representa* **Tchea**.

La existencia de una nueva ley de hidrocarburos respalda la posibilidad de establecer sinergias con empresas del sector. La posesión y comprensión del MARS se identifica como una oportunidad clave para lograr un posicionamiento con un propósito de alto nivel. El modelo se utilizará decididamente para afrontar las debilidades y amenazas latentes en el sistema, terminó mencionando.

Figura 2.2 Análisis FODA

5. Finalmente, **Grila** y **Manny** consolidaron una propuesta del contexto para ser analizada bajo el MARS en el área de CSSA, expresándolo de la siguiente manera;

"Durante los últimos 20 años, la empresa ha sido dirigida hacia una gestión y administración que contrasta esencialmente con una buena práctica empresarial. Esta situación ha llevado a un deterioro sistemático de la cultura en áreas vitales como CSSA. Como consecuencia de esta dirección inapropiada, la empresa ha experimentado perjuicios irreversibles en todos sus sistemas de negocio. Este daño ha afectado profundamente la calidad de vida de todas las personas involucradas, quienes, en última instancia, son los verdaderos interesados y accionistas de esta empresa estatal. Para revertir esta situación, se requieren cambios estructurales significativos que nos conduzcan hacia un moderno enfoque de mejora constante.

Es imperativo que la empresa adopte una nueva estrategia de gestión que priorice la sostenibilidad, la calidad, la seguridad y el bienestar de los empleados y partes interesadas. Al hacerlo, podremos recuperar la confianza y el compromiso de nuestra gente, estableciendo así las bases para un futuro próspero y exitoso. La mejora sostenida será fundamental para recuperar la competitividad y el éxito empresarial que merecemos. A través de estos cambios, buscamos restaurar la reputación de la empresa y revitalizar su cultura organizacional, enfocándonos en el beneficio de la sociedad en su conjunto y reafirmando nuestro compromiso con la responsabilidad social corporativa. Solo así podremos alcanzar un nuevo posicionamiento que beneficie a todos y contribuya al desarrollo integral del país. De allí la necesidad de aplicar el MARS como habilitador para esa mejora estructural y transversal para la empresa."

2.2 El posicionamiento estratégico.

Marhy continuó su presentación con la siguiente lámina

expresando que; *el segundo elemento es definir el* **Posicionamiento Estratégico** *(PE). En términos generales, el PE se alinea con la meta que se quiere alcanzar, y las especificaciones se definen en función de la mejor referencia que se ajuste a los principios y naturaleza de la empresa. El objetivo es obtener un resultado coherente con el contexto previamente definido, evitando dañar otros aspectos.*

Dentro del marco teórico, se identifican varios niveles de posicionamiento, dentro del MARS, siendo este que corresponde a un estado donde se logra: lo generativo (creación del mayor valor), la interdependencia (beneficio mutuo para todos) y el cumplimiento práctico y mucho más allá del factor legal (un nivel DIAMANTE de contexto).

La afirmación **es necesario saber lo que queremos ser, para hacer lo que debemos hacer**; es cierta. Tener claridad sobre los objetivos y metas nos proporciona dirección y motivación para *emprender las acciones necesarias y alcanzar nuestras aspiraciones. Para lograr estas ambiciones, debemos enfocarnos en las tareas necesarias para llegar a donde queremos estar en última instancia.*

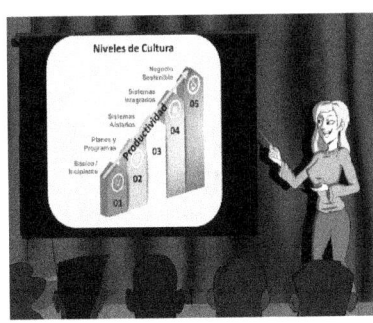

El nivel de cultura en el área de CSSA depende del desempeño de la organización en fundamentos, servicios, personas y gestión. Cada individuo tiene un papel importante en el modelo en su conjunto. Por ejemplo, algunas empresas pueden tener una sólida declaración de política de CSSA, pero fallan al ejecutarla debido a la falta de una cadena de valor que ponga en práctica los principios esenciales. Del mismo modo, una empresa podría ofrecer excelentes servicios, pero si carece de disciplina operativa o impulso suficiente, no alcanzará un contexto sostenible. Esto da lugar a diferentes niveles de referencia que deben ser considerados.

En este elemento, se presentan cinco estados de posicionamiento en función de cómo abordar la resolución de contextos, la implementación de programas o planes, o el desarrollo de modelos sistémicos:

*a) **Estado Incipiente:** Si la empresa se enfoca en resolver contextos mediante un enfoque principalmente reactivo y excesivamente dependiente. Se caracteriza por incumplir leyes y generalmente sumido en un estado de emergencias latentes. El resultado de los últimos 20 años, ni siquiera se puede decir que la empresa se manejó dentro de esta caracterización, de ahí la necesidad de revertir lo más pronto posible la situación actual.*

*b) **Estado Planes y Programas:** En ocasiones, pueden incumplir leyes y se ven obligados a actuar solo para subsistir. Este nivel de posicionamiento presenta riesgos y puede estar comprometido por diversos factores identificados en el contexto actual.*

*c) **Estado Sistemas Aislados:** Si la empresa trabaja con sistemas aislados, como por ejemplo implementando ISO-14001 en un lado, ISO-9001 o ISO-45001 en otro, puede obtener buenos resultados estadísticos puntuales dentro de cada sistema. Este nivel implica una* *transición hacia la independencia, logrando cumplir con los requisitos legales de cada sistema en el que opera. Muchas corporaciones se encuentran en este estado, y es un avance desde el estado anterior.*

d) **Estado Sistemas Integrados:** *Si la empresa trabaja con sistemas integrados, logrará la independencia y la transición hacia la interdependencia. Su enfoque va más allá de lo legal, siendo proactivo y generativo en sus acciones. Este nivel de posicionamiento representa un escenario más avanzado y positivo, donde la empresa alcanza una mayor integración y eficiencia en sus operaciones.*

e) **Estado MARS:** *Al adoptar el enfoque MARS, la empresa se vuelve interdependiente y persigue un propósito de alto estándar. Este nivel es exclusivo y no tiene competencia directa, razón por la cual representa una referencia a nivel mundial. En esta dirección, es hacia donde apunta la gestión de una nueva empresa, por lo que debemos estar alineados todos con este concepto.*

El resumen de este elemento estuvo a cargo de **Josep** como director de desarrollo de nuevos negocios, quien enfatiza que; *el PE será insumo para alinearse con los valores, propósito, visión y metas de la empresa, considerando los rasgos clave de la cultura organizacional y su impacto en el contexto sostenible. El éxito se logra al tener una comprensión clara de los objetivos y trabajar en equipo para una gestión responsable y eficiente. En ese sentido señala:*

"El posicionamiento de la empresa está orientado a mejorar continuamente en términos de eficiencia, sostenibilidad, enfrentando y abordando las debilidades y amenazas generadas por factores políticos, sociales, económicos y tecnológicos por todos conocidos. El objetivo final dentro del MARS aplicado en CSSA, es alcanzar un estado de excelencia y singularidad en el mercado global de la industria de los hidrocarburos, que se resume en lo que llamaremos de ahora en adelante **Posicionamiento de Negocio Sostenible y Resiliente-PNSR-***. Esto definirá la nueva empresa caracterizada por ser una Agencia Sostenible de Petróleo y Energía para los Ciudadanos – en adelante la llamaremos* **ASPEC**-*"*

2.3 Los valores centrales y su efecto en CSSA.

Marhy, al iniciar su exposición, abordó el concepto de **valores** según lo planteado en el libro MARS, destacando su función como principios y creencias es inspirar a individuos y grupos dentro de las organizaciones. Enfatizó; *para que los valores desempeñen un papel efectivo frente a diversas situaciones o factores, es esencial que se complementen y aporten la energía necesaria a la idea central dentro de su área funcional.* Advirtió; *existe la posibilidad de conflictos cuando estos valores no se alinean, ya sea a nivel individual o colectivo. Por ejemplo, en una empresa donde la falta de alineación de un empleado afecta significativamente los resultados, requerirá mayor esfuerzo para su alineación o incluso su separación del esfuerzo conjunto, si fuese el caso.*

Marhy explicó que; *los valores nacen dentro del sistema de fundamentos y se validan mediante atributos cuando:*

a. *Ayudan a proyectar la visión, marcando dónde se quiere llegar.*
b. *Guían el camino hacia ese objetivo y ayudan a superar desafíos en ese trayecto. Alejarse de los valores significa desviarse del camino.*
c. *Perduran en el tiempo, manteniéndose incluso cuando las estrategias o métodos para alcanzar metas cambian. Por ejemplo, si una empresa valora la innovación, debería seguir manteniendo ese valor incluso en momentos difíciles, como reducciones de presupuesto.*
d. *Se extienden a lo largo de toda la estructura empresarial, alineando todas las áreas con los valores fundamentales de la empresa.*
e. *Cumplen la premisa de mantenernos ocupados y felices cuando los ponemos en práctica.*
f. *Son auténticos y genuinos, no necesariamente provienen de un proceso intelectual complejo.*

Ante la fascinante explicación de Marhy, Manny solicitó a **Khala** coordinar el ejercicio de validación de los valores que la empresa mantenía tradicionalmente hace 20 años. El objetivo era comparar estos valores con la forma en que se venía manejando la empresa y proponer los cambios necesarios.

Tras un análisis exhaustivo y pausas adecuadas, Khala inició planteando que; *luego del consenso, se obtuvo los valores que definen nuestra pasión de ser actores decisivos en la transformación de ASPEC. Estos son:*

*1. **Compromiso con la renovación:** La empresa debe abrazar el cambio y adaptarse a nuevas formas de operar, dejando atrás viejas prácticas. La innovación en todos los aspectos del negocio debe ir de la mano con la responsabilidad y disciplina suficientes para fomentar liderazgos positivos y hábitos constructivos.*

*2. **Ética:** La ética es fundamental para abordar factores políticos, económicos, sociales y tecnológicos. Operar con integridad y respeto por los accionistas, evitando prácticas nocivas, garantizaría la equidad, transparencia y justicia en todas las operaciones.*

*3. **Innovación responsable:** La innovación, esencial en un entorno cambiante, debe ser responsable y considerar los impactos a largo plazo. Adoptar tecnologías y prácticas que mejoren la eficiencia, reduzcan los impactos ambientales y promuevan soluciones a desafíos sociales.*

*4. **Excelencia:** La búsqueda constante de la excelencia en productos, servicios y operaciones es crucial. Establecer estándares elevados y trabajar incansablemente para alcanzar y mantener esos estándares es esencial para la transformación a largo plazo.*

Estos valores fundamentales formarán una base sólida para transformar y revitalizar a ASPEC, llevándola hacia un posicionamiento de negocio sostenible y exitoso.

Manny decidió detener el ejercicio en este punto, invitando a continuar al día siguiente para acometer los siguientes elementos del sistema de fundamentos.

2.4 El propósito en CSSA.

A la mañana siguiente y tras compartir la sesión de café, galletas, frutas y jugos; Manny realiza un breve repaso al ejercicio del día anterior como preámbulo para retomar el levantamiento de los siguientes tres elementos del sistema fundamentos, invitando a proseguir con el trabajo. **Marty** toma la palabra para iniciar la

exposición del **propósito** en CSSA en el que establece que; *su finalidad representa el porqué de las acciones para lograr el posicionamiento definido. Destaca que este elemento constituye la inspiración para asegurar el esfuerzo permanente o retomar el rumbo en caso de desviación del posicionamiento deseado, que en el caso de ASPEC es Negocio Sostenible y Resiliente.*

El propósito comienza con el cumplimiento de la premisa de crear valor desde un contexto sin dañar a otro. Aquí, Marty compara el propósito para los accionistas contra el político, señalando que el segundo prevaleció sobre el primero, llevando a la debacle de la empresa. Explica que; *el propósito, en un primer nivel, busca contribuir al reconocimiento individual o personal, ejemplificando con el propósito personal en la empresa cuando un empleado o trabajador trata de convertirse en el mejor en su rol. Luego, en un segundo nivel de propósito, se representa el aporte del esfuerzo al colectivo, siendo el aporte que puede dar para que el negocio contribuya al posicionamiento de negocio sostenible. Finalmente, un tercer grado de propósito ocurre cuando la empresa logra, a través del MARS, el resultado esperado, beneficiando a todos, especialmente a los accionistas, que son la gente del país que se quiere reconstruir.*

Propone un ejercicio práctico para determinar el verdadero propósito mediante la técnica de los 5 porqués, y utiliza la referencia dada en el libro MARS, donde destaca que; *la unión de la pasión con la que se hacen las cosas, con el propósito de aportar al contexto bajo análisis, da como resultado cierto nivel de energía del lado estratégico.* Subraya; *tener una pasión inmensa para hacer algo, pero sin un propósito claro no se logrará un negocio sostenible y resiliente.*

También menciona que; *puede existir propósito, pero sin pasión no se avanzará al objetivo final.*

Enfatiza que; *en el propósito se trabaja en lo que se dará al colectivo, mientras que, en la pasión, se procura lo que el colectivo puede dar como retribución. Por tanto;* **si ASPEC le devuelve la calidad de vida a la gente, seguro que la gente defenderá a ASPEC para que le siga aportando calidad de vida.**

Para el ejercicio de los 5 porqués para definir el propósito, se pidió a **Patri**, directora de Mercado de Negocios, que a través de un "petit groupe" ratificara la propuesta de misión que se había iniciado en los tiempos de preparación del plan táctico de emergencia. Patri planteó que; *la misión, en términos prácticos del MARS, se traduce en satisfacer los siguientes considerandos:*

a) Satisfacer los valores centrales de ASPEC.
b) Contribuir al posicionamiento de Negocio Sostenible y Resiliente.
c) Aportar energía para lograr los objetivos.
d) Beneficiar los tres (3) niveles de propósito:
• *Personal: sin dañar otro contexto al que se está trabajando.*
• *Negocios: que ayuda a la empresa como un todo.*
• *Accionista: donde todos ganamos y nos beneficiamos.*

Patri expresó que, de este modo, el propósito final quedaría formulado de la siguiente manera:

"En ASPEC, potenciamos la energía del futuro con compromiso, ética e innovación. Nuestro propósito es liderar la industria de los hidrocarburos, impulsando un equilibrio sostenible entre las demandas energéticas y la responsabilidad ambiental. Creemos en inspirar pasión en cada uno de los colaboradores, fomentando su crecimiento personal y profesional sin comprometer contextos externos. A nivel organizacional, nos esforzamos por lograr un posicionamiento sostenible, integrando la excelencia operativa con tecnologías innovadoras y prácticas éticas donde el activo más importante a proteger y cuidar es la salud y seguridad de la gente. A nivel global, generamos valor para los accionistas al tiempo que contribuimos al desarrollo energético responsable a escala mundial".

2.5 Metas audaces y excepcionalmente retadoras en CSSA.

Nuevamente, **Marty** prosigue con la exposición, indicando que el quinto elemento del sistema fundamentos corresponde a la elaboración de las **Metas Audaces y Excepcionalmente Retadoras** (MAyERs). En este sentido, explica que; *una auténtica MAyER debe responder a las siguientes características:*

- *Promueve una acción de cambio significativo y representativo, y no es simplemente la búsqueda de una nueva forma o estilo. La transformación tiene un sentido claro y un reto implícito.*
- *En su contribución ético, moral, colectivo, está relacionada con el propósito definido en el elemento anterior.*
- *Es fácil de entender y responde a su propio impulso de actuación, pausa o detenimiento.*
- *Propicia el valor de la innovación mediante la incorporación de ofertas de servicio tipo DIAMANTE (satisfacer necesidades con nuevos servicios).*
- *Propicia el compromiso de asumir el 100% de la responsabilidad, siendo ejemplo de modelaje y facilitación.*
- *Evidencia mejora continua hacia el posicionamiento.*
- *Conserva todo el tiempo un alto nivel de energía (interacción de pasión y esfuerzo).*

Marty también resalta que; *una MAyER puede ser del tipo:*

- *Cualitativas o cuantitativas, por ejemplo, para el 2050 cumpliremos con el Zero neto de emisiones de CO_2.*
- *Superar fronteras, relacionadas con grupos alternativos, estratégicos o competidores directos, clientes o no clientes, uso de suplementos o complementos, orientación emocional o funcional, y de tendencias o preferencias. Ejemplos: producción de energía libre de combustibles fósiles para el 2050.*
- *Satisfacer una referencia, por ejemplo, para el 2032, la contribución del propósito establecido nos permitirá construir el país con mejor nivel de felicidad del mundo.*

- *Re organizacional o Refuerzo;* es el paso previo a una visión aún más retadora. Por ejemplo, para el próximo año, seremos una empresa donde todas sus unidades de negocios se manejarán según los criterios del MARS como el habilitador esencial para el posicionamiento requerido.

La coordinación del ejercicio enfocado en el levantamiento de las MAyERs fue llevada a cabo por **Josep y Louis**. Durante la formulación del plan táctico de emergencia, ambos directores llevaron a cabo una investigación exhaustiva sobre las tendencias en nuevos desarrollos y las tecnologías habilitadoras que podrían ser aplicadas al sector de hidrocarburos y energías renovables en general.

En el elemento de las metas audaces y excepcionalmente retadoras, alineadas con los valores de compromiso con la renovación, ética, innovación responsable y excelencia, así como con el propósito de potenciar la energía del futuro de manera responsable; Josep y Louis presentaron el consenso de las MAyERs a las cuales se llegó luego de un enriquecedor debate profesional. Mencionaron que; *las MAyERs a la que ASPEC apunta son:*

1. Innovación tecnológica y desarrollo de nuevas soluciones energéticas: *Se destinará una parte sustancial de los recursos de investigación y desarrollo para explorar y desarrollar tecnologías disruptivas y emergentes que permitan la extracción y producción de hidrocarburos de manera más sana, segura, limpia y eficiente. El objetivo es corresponder a ofertas de servicios que atiendan las fronteras de opciones libre de eventos adversos para la salud, seguridad, y el ambiente. Además, que maximice la recuperación de recursos, se implementan prácticas de seguridad líderes en la industria, almacenamiento avanzado de energía, la electrificación de procesos industriales y la captura directa de aire para la mitigación de emisiones. Estas soluciones podrían redefinir el panorama energético y proporcionar alternativas más limpias y eficientes, que contribuyan a:*

a. **Neutralidad de carbono:** *La empresa se comprometerá a lograr la neutralidad de carbono en todas sus operaciones y actividades para el año 2050. Esto implica reducir drásticamente las emisiones de gases de efecto invernadero y compensar cualquier emisión restante* *mediante la inversión en proyectos de absorción de carbono, como la reforestación y la captura y almacenamiento de carbono.*

b. **Diversificación energética:** *Para 2050, la empresa se esforzará para que más del 50% de su cartera energética provenga de fuentes renovables, como la solar, eólica, hidroeléctrica y geotérmica. Esta transición hacia una mayor proporción de energías limpias contribuirá significativamente a la reducción de la dependencia de los combustibles fósiles.*

c. **Reducción del desperdicio de agua:** *La empresa se comprometerá a reducir el consumo de agua en sus operaciones hidrocarburíferas en un 50% para 2035. Esto se logrará mediante la adopción de tecnologías avanzadas de reciclaje y reutilización de agua, así como la implementación de prácticas de gestión sostenible del agua en todas las etapas de la cadena de valor.*

d. **Colaboración global:** *La empresa liderará la colaboración en la industria, formando alianzas estratégicas con otras compañías, gobiernos y organizaciones para abordar desafíos energéticos y ambientales de manera conjunta. Esto incluirá la promoción de estándares internacionales de seguridad, ética y sostenibilidad, así como la inversión en proyectos conjuntos de investigación y desarrollo.*

2. **Desarrollo comunitario sostenible y cierre de brechas en comunidades afectadas:** *La empresa se comprometerá a mejorar las comunidades locales en las regiones donde opera, invirtiendo en proyectos de desarrollo sostenible que beneficien a la población local. Esto podría incluir la creación de empleos, la mejora de la infraestructura y la promoción de la educación y la salud en esas áreas. La empresa trabajará en estrecha colaboración con comunidades afectadas por sus operaciones pasadas o presentes, con el objetivo de cerrar las brechas existentes en términos de salud, seguridad y calidad de vida. Se comprometerá a invertir en la remediación de áreas contaminadas y a brindar apoyo a largo plazo para asegurar la recuperación y revitalización de estas comunidades.*

3. **Fomento de talento y diversidad:** *La empresa se esforzará por ser un líder en la promoción de la diversidad y la inclusión en su fuerza laboral. Establecerá programas de salud mental, capacitación y desarrollo personalizados para sus empleados, fomentando el*

crecimiento profesional y personal, y asegurándose de que sus equipos reflejen una variedad de perspectivas y experiencias.

4. **Transparencia y rendición de cuentas:** *La empresa establecerá un estándar ejemplar en cuanto a la transparencia en la divulgación de datos y resultados relacionados con la procura de su desempeño de negocio sostenible y resiliente. Se comprometerá a informar públicamente sobre sus avances hacia las metas establecidas y permitirá una revisión independiente de sus prácticas.*

Estas metas audaces y excepcionalmente retadoras reflejan un enfoque holístico para la transformación de la industria de los hidrocarburos y la energía, en línea con los valores y el propósito de ASPEC. Al emprender temas críticos como la sostenibilidad, la innovación y la responsabilidad social, la empresa puede posicionarse como un líder en la recuperación y transición hacia un futuro energético sostenible y resiliente.

2.6 La descripción de la visión en CSSA.

El último componente del sistema fundamentos es la **descripción de la visión**. Marty explica *que se trata de imaginar la materialización de las MAyERs, vistas en el elemento anterior, como un cuadro o pintura que representa ese estado en el presente. Este ejercicio permite agregar música, sonido y creatividad, traduciéndose en pasión, emoción y convicción, elementos esenciales para demostrar que se describe, refleja o vive la condición a la cual se quiere llegar.*

Marty vuelve a tomar el ejemplo de la visión de bienestar y felicidad individual del libro MARS, y explica que; *esta visión exhibe la existencia de personas con gran respeto por el semejante, conductas ejemplares y equilibrio social, manteniendo los preceptos negativos a distancia. Cada individuo transita por un camino guiado por los valores y un propósito firme de alto nivel, aportando la energía necesaria para alcanzar la meta anhelada. Es un acto de dar sin mezquindad y enseñar estrategias para aprovechar oportunidades de manera integral e interdependiente, incluso en situaciones adversas como una pandemia. La actuación se caracteriza por la concentración y sabiduría que ayudan a pensar, decidir y actuar siempre de la mejor manera, de forma responsable y disciplinada. Se reconoce que lo material es perecedero y puede ser mantenido y mejorado en equilibrio e interacción con la naturaleza y otros seres vivientes.*

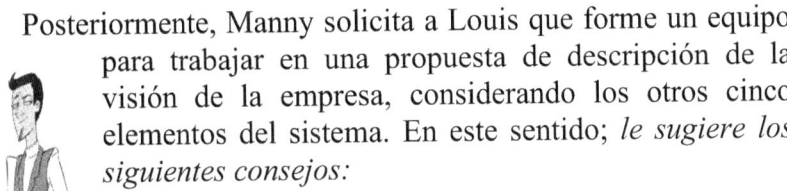

Posteriormente, Manny solicita a Louis que forme un equipo para trabajar en una propuesta de descripción de la visión de la empresa, considerando los otros cinco elementos del sistema. En este sentido; *le sugiere los siguientes consejos:*

1. Decide cómo encajar todos los elementos en una composición cohesiva y equilibrada, utilizando una estructura central o disposición circular que represente la interconexión de valores y compromisos.

2. Utiliza símbolos visuales que representen cada valor, propósito y MAyERs de la empresa, como un panel solar para el compromiso con el futuro energético, manos estrechadas para la ética, engranajes y tecnología para la innovación, entre otros.

3. Selecciona colores coherentes con los valores esenciales descritos, como colores brillantes y verdes para el compromiso con el futuro energético, colores sólidos y confiables para la ética y el liderazgo, y colores tecnológicos para la innovación.

4. Diseña una narrativa visual que guíe a los espectadores a través de la historia, desde un punto de inicio hasta un punto de llegada que represente la contribución global.

5. Decide el entorno donde se desarrolla la escena, ya sea un paisaje industrial, una comunidad beneficiada por prácticas sostenibles o un escenario global que muestre la influencia de la empresa en todo el mundo.

6. Si se incluyen personajes, asegura reflejar la diversidad e inclusión, resaltando el compromiso ético y la contribución global.

7. Asegura que cada valor y compromiso tenga su propio espacio y se destaque, pero también se integre de manera armoniosa en el conjunto general.

8. *Agrega detalles sutiles y texturas que enriquezcan el dibujo y le den profundidad, como texturas a la tecnología y patrones naturales al equilibrio sostenible.*

9. *Asegura que el mensaje general sea claro y fácil de entender para cualquier espectador.*

Manny pregunta si es posible tener una aproximación de la descripción de esta visión para la próxima semana, a lo que Louis responde de manera categórica; ¡seguro!, de inmediato conformo el equipo y, con toda esa información detallada, tendremos una buena aproximación. Le pediré apoyo a un recurso que tiene Mayhe en su organización para que forme parte del equipo." Mayhe responde afirmativamente a la propuesta de colaborar en el proyecto.

2.7 Resumen capítulo II.

En este capítulo, se detalla los pasos dentro del sistema estratégico:

21. La formación de un grupo multidisciplinario estratégico para implementar el sistema fundamentos del MARS en las funciones de CSSA.

22. Enfatiza la importancia de la iniciativa de transformación, respaldando su trascendencia para la empresa.

23. Constituye el equipo, junto a profesionales destacados de la estructura estratégica de la empresa.

24. Los expertos en CSSA explican que el sistema vinculado a estos fundamentos es esencialmente estratégico en el marco teórico del MARS.

25. Sus elementos clave abarcan; el contexto de aplicación, el posicionamiento estratégico deseado, los valores fundamentales, el propósito de alto nivel, las metas y objetivos, y la visión del futuro.

26. Define el contexto en el MARS aplicado a CSSA. Estos incluyen:

a. clasificar el contexto según su incidencia,

b. determinar el nivel de alcance,

c. identificar factores políticos, económicos, sociales y tecnológicos (PEST), y

d. analizar competencias internas y externas. Aquí se destaca la influencia del cambio político en el pasado y se concluye que todos los factores PEST han impactado significativamente a la empresa.

27. Presenta los estados de posicionamiento que van desde lo incipiente hasta el MARS, representando diferentes niveles de eficiencia y sostenibilidad.

28. Resalta el PNSR para la nueva empresa ASPEC.

29. Acentúa la importancia de los valores como principios inspiradores en organizaciones.

30. Advierte de los posibles conflictos cuando los valores no se alinean, ya sea a nivel individual o colectivo.

31. Sobresale que los valores deben proyectar la visión, guiar hacia objetivos, perdurar en el tiempo y extenderse por toda la estructura empresarial.

32. Propone los valores, destacando; el compromiso con la renovación, ética, innovación responsable y excelencia para la nueva ASPEC.

33. Expone la importancia del propósito, el cual representa la razón de las acciones para lograr el posicionamiento definido.

34. Sugiere un ejercicio de los 5 porqués para definir el verdadero propósito de ASPEC, el cual dentro del ejercicio resulta como la misión para liderar la industria de hidrocarburos con compromiso, ética, innovación y responsabilidad ambiental.

35. Destaca las características de las MAyERs, como su contribución ética, relación con el propósito, innovación, responsabilidad, y mejora continua.

36. Al final se presentan las MAyERs alineadas con los valores y propósito de ASPEC- Estas son: la neutralidad de carbono, diversificación energética, reducción del desperdicio de agua y desarrollo comunitario sostenible.

37. Explica que la visión es la materialización de las MAyERs y representa el estado deseado y se asigna la tarea de liderar un equipo para crear una propuesta de descripción de la visión.

Todos estos aspectos son resumidos en seis (6) hitos a lograr en el sistema fundamentos en CSSA:

A. Clasificación del contexto: Análisis FODA y PEST.
B. Presentación de estados de posicionamiento.
C. Propuesta de valores centrales.
D. Definición del propósito para liderar según valores centrales.

E. Propuesta de MAyERs alineados con posicionamiento.
F. Recreación de descripción de la visión.

Capítulo III
Servicios en CSSA

"El qué y cómo debemos hacer las cosas, representa lo medular dentro del portafolio de servicios en CSSA"

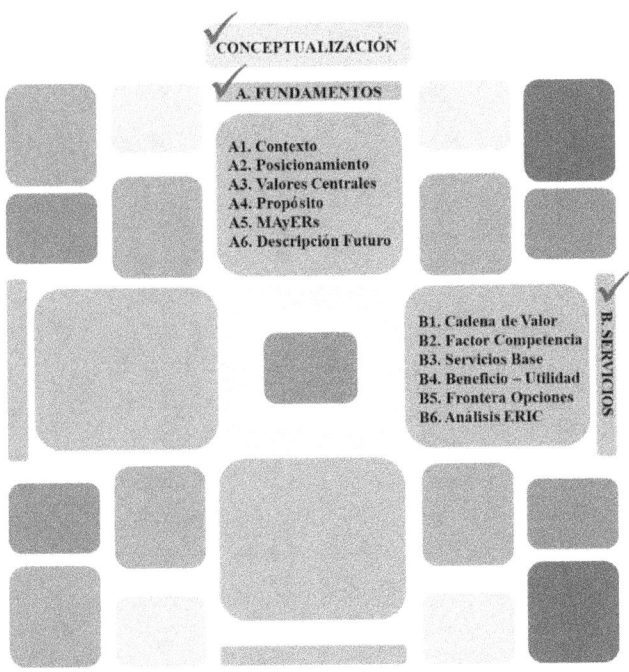

Contenido

- ✓ *La cadena de valor en CSSA*
- ✓ *Los factores de competencia*
- ✓ *Ofertas de servicios*
- ✓ *Matriz de la cadena de valor y beneficios*
- ✓ *Opciones valor – costo ofertas de servicios*
- ✓ *Análisis ERIC*
- ✓ *Resumen Capítulo III*

3. Servicios en CSSA.

El **Sistema de Servicios** constituye el cimiento para la creación de procedimientos, prácticas, normas y métodos de trabajo que impulsan la maquinaria organizacional. En este espacio, convergen las tácticas y labores que transitan con destreza entre el ámbito estratégico y operativo, proporcionando la solución óptima para afrontar los desafíos de CSSA que podrían socavar el sólido posicionamiento delineado en el capítulo anterior.

Un equipo altamente operativo, liderado por los gerentes de proceso **Erika**, **Dayan** y **Grego**, y guiado por **Marhy** y **Marty** en el ámbito de CSSA, se forma en este terreno de acción. **Khala**, directora del negocio aguas arriba de ASPEC, actúa como el vínculo que une los hilos de la estrategia y la ejecución.

Es relevante destacar que el conjunto de líderes y gerentes ha sido adiestrado en la utilización del MARS como modelo para erigir sistemas robustos. El equipo cuenta en cualquier momento, con acceso inmediato a recursos transversales; por ejemplo, la facultad de convocar habilitadores tecnológicos a través de **Louis**, responsable en este ámbito.

Marhy lidera la presentación teórica y establece con firmeza que; *el núcleo del sistema de servicios debe ser diseñado para alcanzar el posicionamiento de Negocio Sostenible y Resiliente de ASPEC, siendo la base de todo en la construcción de la cadena de valor. Esta amalgama estratégica, compuesta por seis elementos claramente definidos, da los primeros pasos a partir de las necesidades, factores y atributos que rigen el escenario previo y posterior a la prestación del servicio.*

1. **Cadena de valor de los servicios en CSSA:** *Define directrices en función de características y situaciones específicas, optimizando elementos según la meta perseguida.*

2. **Factores de competencia y línea base:** *Análisis preliminar de la cadena de valor y sus atributos, identificando áreas de mejora.*

3. **Ofertas de servicios:** *Caracterización detallada de tipos de ofertas de servicio, desde opciones básicas hasta las más sofisticadas que proporcionen respuesta a las necesidades de la empresa.*

4. **Matriz de la cadena de valor y beneficios:** *Cruce de la cadena de valor con beneficios potenciales, como calidad, cultura y sostenibilidad.*

5. **Opciones valor y costo:** *Análisis de sensibilidad considerando opciones en términos de costo y valor.*

6. **Análisis ERIC:** *Guía decisiones de eliminar, reducir, incrementar o crear actividades para optimizar la oferta de servicio.*

*Este sistema se conecta con; los esenciales mediante la promesa de valor, la gente a través de la alineación, y con el factor foco por intermedio de la gestión operativa (ver figura 3). La evaluación cuantitativa asigna un peso relativo de **08/100**, reflejando su importancia en el logro de un negocio sostenible y resiliente.*

Figura 3 Sistema de servicios en CSSA

3.1 La cadena de valor en CSSA.

En esta ocasión, a **Erika**, gerente de procesos del negocio aguas arriba, le correspondió realizar el levantamiento de la **cadena de valor** dentro del sistema de servicios del MARS aplicado a CSSA. Erika destaca que; *los negocios tienen intrínseco en sus estrategias la generación de valor*

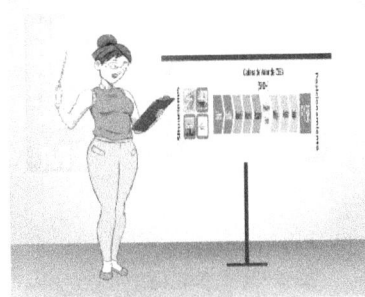

en sus procesos medulares. Por lo tanto, todo comienza con un análisis exhaustivo para identificar peligros y riesgos asociados con Procesos, Equipos, Tareas y Áreas (PETA) y decidir acciones aguas abajo sobre las medidas para prevenir, controlar, recuperar, y mitigar. En ese sentido, para las distintas fases tenemos:

a. Erradicar completamente los peligros o riesgos presentes, siendo considerada la forma más efectiva de control al abordar la raíz del problema y eliminar cualquier posibilidad de daño.

b. Reemplazar materiales, procesos, equipos o tareas peligrosas por alternativas más seguras, evaluando su impacto y cumpliendo con regulaciones y estándares aplicables.

c. Garantizar un ambiente seguro y saludable, adaptando medidas a las necesidades y riesgos específicos de los PETA y cumpliendo con regulaciones aplicables.

d. Mantener un ambiente de trabajo seguro y reducir riesgos, centradas en monitorear e intervenir continuamente condiciones de trabajo, procesos y entorno.

e. Identificar peligros y riesgos, recuperando y corrigiendo desvíos y condiciones inseguras de manera efectiva.

f. Reducir o minimizar los impactos negativos y pérdidas resultantes de un evento o situación que amenace la sostenibilidad del negocio.

g. Evaluar y corregir cualquier daño o deficiencia después de un evento, garantizando una reanudación segura y sostenible de las operaciones.

h. Implantar medidas para seguir las actividades comerciales de manera segura y sostenible después de un evento disruptivo.

En la Tabla 3.1 se encuentran algunas de las actividades más representativas de la cadena de valor de ASPEC, contribuyendo a una gestión efectiva de un negocio sostenible en los procesos, equipos, tareas y áreas en el ámbito de CSSA.

Tabla 3.1 Cadena de Valor de CSSA

MEDIDAS CONTROL	A ELIMINAR	B SUSTITUIR	C PREVENIR	D OBSERVAR	E RECUPERAR	F MITIGAR	G AJUSTAR	H SEGUIR
1	Rediseño de Procesos	Materiales y productos.	IPAR para asegurar tolerabilidad	Comportamientos tareas críticas	Alertas tempranas y atención de desvíos	Aplicar Planes de Respuesta a Emergencias.	Evaluación Post-Evento:	Pruebas de Funcionamiento y recuperación
2	Sustitución por otro PETA	Procesos menos agresivos	Comunicación y Participación de los Trabajadores.	Inspecciones / Auditorías de CSSA	Actualización de Procedimientos.	Equipos de Protección Personal (EPP).	Inspección, Reparación y Limpieza.	Cumplimiento de Regulaciones.
3	Exposición del PETA (Automatizar)	Equipos y Maquinaria.	Formación y Concienciación.	Confiabilidad del Equipo Crítico. Pruebas y Calibración	Revisión de Equipos de Seguridad	Seguro de Empresas y Contingencia Financiera	Actualización de capacitación según lecciones aprendidas	
4	Tareas de Alto Riesgo	Métodos de Trabajo.	Evaluación y uso equipos, facilidades y herramientas.	Control de PETA Tiempo Real.	Acciones Correctivas y Preventivas	Sistemas de Alarma, Contra Incendios y Comunicación.	Actualización de procedimientos según lecciones aprendidas	
5	Sustancias Peligrosas	Técnicas de Manufactura Peligrosas.	Prácticas de Trabajo de CSSA.	Entrenamiento y Capacitación Continua.	Entrenamiento y Sensibilización.	Control de "efecto dominó"	Comunicación Interna y Externa	
6	Riesgos Biológicos	Productos de origen vegetal / animal.	Seguimiento cumplimiento Normas.	Reporte de Incidentes – Accidentes.	Protección de la Escena del Incidente.	Evacuación y aplicación de Primeros Auxilios.	Evaluación de Riesgos Residuales.	
7	Riesgos Ergonómicos	Herramientas y Equipos Manuales.	Controles de Ingeniería y administrativos.	Vigilancia Integral CSSA	Identificación de Factores Contribuyentes.	Monitoreo Ambiental Continuo		
8	Riesgos de Incendio y Explosión	Fuentes de Energía.	Control de Acceso y uso de EPP	Encuestas y Retroalimentación de Empleados.	Seguimiento y Comunicación de Progreso.			Seguimiento y Evaluación Continua.
9	Riesgos de Caídas	Formas de Almacenamiento	Gestión de Cambios	Comunicación Abierta y Canales de Reporte.	Gestión de Cambios	Gestión de Crisis	Programas complementarios.	Salud Mental y Bienestar. Regreso al trabajo
10	Riesgos de Radiación		Planeamiento y simulación eventos.	Investigación de Incidentes CSSA	Registro de Incidentes.	Respaldo de Datos e Información	Restricción de Acceso y Seguridad Física	
11	Riesgos de Ruido.		Investigación de Desvíos / Incidentes CSSA	Seguimiento de Lecciones Aprendidas y medidas.		Planificación para la Recuperación Post-Evento	Gestión de Residuos y Desechos.	
12	Riesgos de Vibración		Análisis de Indicadores Preventivos (KPI).	Análisis de Indicadores de Observancia (KPI).	Análisis de Indicadores de recuperación (KPI).	Revisión y Actualización Periódica	Pruebas y Reanudación Gradual.	Análisis de Indicadores de Incidentes (KPI).

3.2 Los factores de competencia en CSSA.

Dayan quien es la gerente de procesos del negocio aguas abajo, explicó que; *los **factores de competencia** se pueden definir como los atributos que hacen distinguir la oferta de servicio con respecto a otras en cualquier momento de su ejecución*. En ese sentido, los factores de competencia pueden:

a. Tener impacto en los sistemas que conforman el modelo.
b. Identificarse antes del servicio, durante el servicio y luego del servicio.
c. Dar información clave para definir la línea base (donde estoy).
d. Informar sobre las brechas que deben cerrarse para satisfacer las necesidades de los clientes.

En un análisis preliminar realizado por **Dayan, Marhy** y **Marty** para identificar los factores de competencia de ASPEC en los servicios de CSSA, definieron los siguientes en las respectivas fases:

1. *En la fase de pre-servicio se tienen:*

a. El **compromiso responsable** por encarar las necesidades de CSSA en las áreas funcionales que apunte a la valoración y congruencia con los fundamentos de ASPEC.
b. La **confiabilidad del servicio** en términos de apuntar resultados cónsonos con la estrategia y alineación de interdependencia.
c. **Experiencia y reputación** de la gente de ASPEC en sus distintos roles, responsabilidades dentro del MARS en CSSA.
d. **Identificación y desarrollo de casos de estudios** de manera anticipada y oportuna.

2. *En la fase de servicios, los factores listados son:*

a. **Implantación práctica de servicios** de CSSA según la cadena de valor.
b. Desarrollo de las mejores **opciones costo -valor**.
c. Cumplimiento de la **disciplina operacional** requerida.
d. **Foco** en la mejor oferta de servicio.

3. *En la fase de post servicios, los factores de competencias identificados son los que permiten un mejor control y seguimiento de:*

a. **Cultura** *en el sistema fundamentos.*
b. **Esfuerzo** *en el sistema servicios.*
c. **Conductas** *en el sistema gente.*
d. **Resultados** *en la gestión.*

Posteriormente, **Dayan** explicó la figura 3.2, comparando estos factores de competencia en el pasado (2002), en el día "D" cuando se retomó el control de ASPEC, y cómo se espera que sean con la aplicación del MARS en CSSA. Señaló que; *en el pasado hubo un avance significativo en calidad, cultura, energía y sostenibilidad, con un énfasis en la participación de todo el personal en la cadena de valor de los servicios de CSSA.*

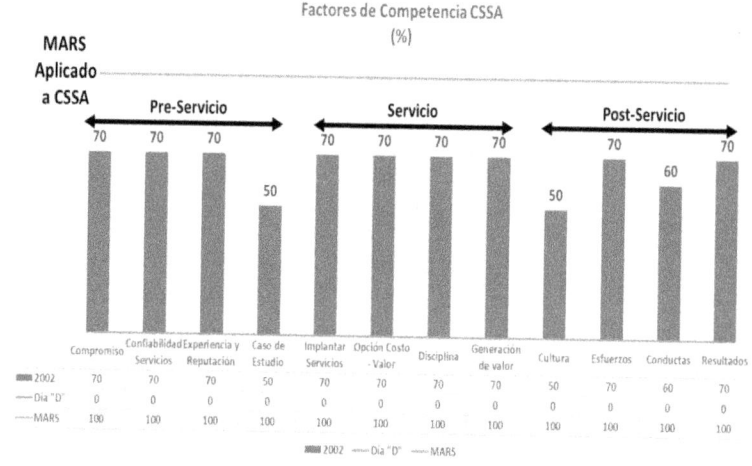

Figura 3.2 Factores de competencia

Igualmente expresa que; *en el día "D", los factores de competencia carecían de sustento para demostrar un valor reconocible o ligeramente apreciable, indicando una falta de interés real en buscar sostenibilidad en el negocio.*

Terminó señalando que; *era necesario un esfuerzo inmediato para revertir ese deterioro sostenido encontrado en la empresa, retomando las necesidades básicas de la cadena de valor mencionada anteriormente.*

3.3 Las ofertas de servicios en CSSA.

En este componente, **Grego** expone lo siguiente; *dentro del sistema de servicios del MARS, identificamos cinco tipos de **ofertas** que varían según el valor que puedan aportar a la necesidad a resolver, o la barrera o nivel de protección que representan en la cadena de valor. Por ejemplo, en el ámbito de CSSA, se pueden diferenciar en:*

a. **Servicio tipo BRONCE:** *Se activa de manera reactiva, y su efectividad es crucial, ya que, si las consecuencias o pérdidas superan lo esperado, existe el riesgo de entrar al nivel de daños irreversibles y peligro de pérdida del negocio. Un ejemplo sería el plan de respuesta y atención a emergencias de un negocio o área de instalación. Este servicio se activa en situaciones de emergencia, buscando proporcionar una respuesta rápida y efectiva para minimizar el impacto de desastres naturales o incidentes graves. La efectividad se evalúa mediante simulacros y revisiones periódicas. La falta de una respuesta efectiva podría resultar en daños irreversibles y pérdidas comerciales significativas, haciendo esenciales la preparación y la capacidad de respuesta para la resiliencia en casos de emergencia.*

b. **Servicio tipo PLATA:** *Involucra un monitoreo constante y supervisión de operaciones para controlar riesgos, utilizando equipos de seguridad y tecnologías de control de riesgos efectivos. Un ejemplo sería el monitoreo y supervisión de una planta de procesos, asegurando un alto nivel de seguridad al incorporar capas de protección relacionadas con la vigilancia de las operaciones. La combinación de supervisión humana y tecnología avanzada es esencial para el control efectivo de los riesgos en este entorno crítico.*

c. **Servicio tipo DORADO:** *Se evalúa la existencia y efectividad de procedimientos y protocolos para prevenir riesgos, considerando capacitación adecuada y fomentando la cultura de sistemas integrados entre actores clave. Verifica la realización de análisis de riesgos antes de la prestación del servicio. Un ejemplo sería en un proyecto de instalación de un equipo crítico en una unidad de procesos, garantizando que se sigan procedimientos y protocolos de*

CSSA efectivos. La capacitación y concientización del personal clave son fundamentales para prevenir desviaciones y eventos de CSSA, y los análisis de riesgos en todas las fases del servicio garantizan un enfoque proactivo e integral.

d. ***Servicio tipo PLATINO:*** *Utiliza tecnologías alternativas o métodos de trabajo más seguros que aquellos que presentan riesgos, verificando si se reemplazan materiales o productos peligrosos con opciones menos riesgosas. El análisis costo-beneficio demuestra que su aplicación es rentable y puede ser más efectiva que servicios similares ya existentes. Un ejemplo sería la limpieza de estructuras elevadas mediante el uso de drones o soluciones de limpieza ecológicas, reduciendo riesgos y siendo rentable y eficiente sin necesidad de medidas de seguridad adicionales.*

e. ***Servicio tipo DIAMANTE:*** *Diseñado para erradicar peligros y riesgos, lo cual puede implicar modificaciones en el proceso, equipo, infraestructura o tipo de intervención. Considera el reemplazo de materiales o sustancias peligrosas por alternativas más seguras y es efectivo y viable desde el punto de vista costo-beneficio. Un ejemplo sería evitar trabajos en espacios confinados mediante el uso de equipos auto limpiantes o sustancias que eliminen el proceso de limpieza, eliminando peligros y riesgos al evitar la exposición del personal. Además, demuestra que estas mejoras en la seguridad y la eficiencia pueden justificar los costos iniciales y proporcionar beneficios económicos a largo plazo.*

3.4 La matriz de valor – beneficio en CSSA.

Dentro del comité de gerencia de procesos, se está debatiendo la mejor manera de expresar la creación de **valor – beneficio de las ofertas de servicios**. En el contexto asociado a CSSA, se ha acordado ofrecer a los clientes, desde accionistas hasta trabajadores, contratistas, visitantes, autoridades, e incluso usuarios finales del bien producido, un portafolio de servicios de alto valor agregado que contribuya al posicionamiento de un negocio sostenible y resiliente.

En términos generales, la generación de valor de la oferta de servicios depende de la composición de la cadena de valor dentro de una matriz valor-beneficio. En este sentido, **ERIKA** destaca nuevamente *que las variables valor-beneficio en CSSA se caracterizan por:*

*a) **Productividad:** Lo que prometemos debe ser productivo, es decir, eficiente, efectivo y con bajos costos.* En CSSA, manejamos el criterio de costo-beneficio e incluso incorporamos la tasa de retorno en la prevención de eventos. Por ejemplo, con la implantación de un sencillo y novedoso sistema o método de manejo de cargas, se pueden reducir las enfermedades musculoesqueléticas, impactando así los costos relativos a ausencias, reposos médicos o tratamientos.

*b) **Simplicidad y conveniencia de ejecución:** La puesta en práctica del servicio debe ser sencilla y aprovechar la oportunidad. Por ejemplo, la implantación del método de manejo de carga es simple y no requiere esfuerzo mental y físico para ponerlo en operación.*

*c) **Respuesta y Acceso:** Se mide el grado de acceso del servicio o disponibilidad, así como su confiabilidad. El nuevo método de manejo de carga siempre está disponible y operativo.*

*d) **Riesgos:** Desde el punto de vista de salud y seguridad, la oferta proporciona una mejor protección y reduce el impacto legal por demandas de enfermedades y discapacidades.*

*e) **Imagen y Confianza:** La oferta transmite una clara aceptación por parte de los clientes. La participación de los actores en el levantamiento de la oferta, especialmente de los trabajadores que manejan el proceso en la iniciativa de manejo de carga, aumenta el nivel de confianza y aceptación.*

*f) **Naturaleza y Ambiente:** En la propuesta del método de trabajo se respeta cualquier otro contexto, como la fauna, flora, cuerpos de agua, emisiones, permitiendo el reciclaje, entre otros aspectos, sin afectar ningún propósito paralelo.*

Si se implementan ofertas de servicios tipo BRONCE y se trabaja progresivamente en las variables antes indicadas, se puede avanzar hacia propuestas mejoradas, posiblemente escalando hacia ofertas tipo DIAMANTE (ver figura 3.4).

Beneficio	Eliminar	Sustituir	Prevenir	Observar	Recuperar	Mitigar	Atender	Reponer
Productividad	Ejecutar Análisis Costo - Beneficio		Desarrollar Prácticas, Procedimientos		Reportar e Investigar Eventos	Hacer planeamientos previos de respuesta a situaciones		
Simplicidad	Aplicar criterios técnicos		Implantar	Validar	Reaccionar	Activar	Intervenir	Adecuar
Respuesta		Predictiva	Anticipada		Oportuna		Reactiva	
Riesgos		Menor Riesgo de demanda					Mayor riesgo de demanda	
Confiabilidad		Mayor aceptación					Menor aceptación	
Integración		Innovar	Reforzar	Acentuar	Mantener		Administrar	

Figura 3.4 Matriz valor – beneficio en CSSA.

3.5 La relación valor – costo en CSSA.

En la misma mesa del comité de procesos, se está debatiendo otro elemento crucial del sistema de servicios del MARS en CSSA, y es el denominado **relación valor - costo**. En este contexto, **Marty** toma la iniciativa de la explicación y sostiene que; *entenderlo es bastante sencillo, ya que todo negocio o contexto opera con el fin de generar beneficios, y que basado en el contexto actual de la empresa, el posicionamiento acordado, los valores identificados, el propósito y las metas retadoras; las opciones a considerar son las siguientes:*

a) **En la frontera de ALTERNATIVAS:** *De acuerdo con los valores listados, las alternativas que debemos trabajar en ASPEC son:*

1. *Abrazar el compromiso con la renovación y adaptarnos a nuevas formas de operar.*
2. *Trabajar con integridad y respeto por los accionistas, evitando prácticas nocivas.*
3. *Adoptar la innovación responsable considerando los impactos a largo plazo.*

4. Buscar constantemente la excelencia en productos, servicios y operaciones es una opción estratégica para la empresa.

Es por ello por lo que dentro de ASPEC se pueden encontrar fronteras de alternativas en la obtención de productos y derivados de hidrocarburos provenientes de otras fuentes (otro suplidor), mientras se recupera el aparato productor en la totalidad de sus negocios, procesos, áreas y funciones.

b) **En la frontera de GRUPOS ESTRATÉGICOS:** Además de los grupos estratégicos y competidores tradicionales es necesario impulsar:

1. Un grupo estratégico que se centre en la exploración y desarrollo de tecnologías disruptivas y emergentes.
2. La inversión en proyectos de desarrollo sostenible para mejorar las comunidades locales.
3. La diversidad y la inclusión en la fuerza laboral de la empresa.
4. Establecer estándares ejemplares en cuanto a la transparencia en la divulgación de datos y resultados.

En ASPEC como corporación, un ejemplo de fronteras de grupos estratégicos lo encontramos en el uso de estrategias para solventar crisis o necesidades de productos.

c) **En la frontera de CLIENTES:** Los clientes de la empresa son las personas cuya calidad de vida se ve afectada por las decisiones empresariales. Tal como lo mencionó la presidencia en el comité de negocios, los principales clientes de esta empresa son los accionistas y recordemos que somos todos los ciudadanos que vivimos en este país. En ese sentido, la aplicación práctica del principio "check & balance" en esta frontera, puede ser una necesidad dentro de ASPEC.

d) **En la frontera de SUPLEMENTOS y COMPLEMENTOS:** Es la oportunidad de ofrecer valor por disponer de esa ventaja competitiva clave para la empresa. Está dirigida en dos áreas:

1. Hacer sinergias para contribuir al desarrollo integral del país y beneficiar a la sociedad en su conjunto.

2. *Aplicar el Modelo de Atención y Respuesta a Situaciones (MARS) como el habilitador para la mejora estructural y transversal de la empresa.*

Un ejemplo de esta frontera dentro de ASPEC se observa cuando se conectan fuentes en términos de mejores prácticas entre los distintos bloques, áreas, campos o negocios.

e) **En las fronteras de ORIENTACIÓN y TENDENCIAS**: En estas fronteras encontramos lo siguiente:

1. Es donde se refleja la orientación de la empresa hacia un enfoque sostenible y resiliente en su negocio. En esta tendencia se rompen conceptos de cultura que no se explican bien o pocos los entienden y/o paradigmas que se han encasillado por tiempo que resultan difíciles de cambiar según propuestas modernas.
2. Es la orientación deseada de la empresa, convertirse en una agencia sostenible de energía para los ciudadanos.
3. Alinearse con las tendencias importantes como parte de nuestro compromiso con la sostenibilidad y la responsabilidad social empresarial.

Quisiera explicar con mayor detalle que para el negocio, lo crucial es que no existan eventos que afecten la relación de valor - costo. Al investigar las causas raíz de los eventos de CSSA, se observa que todo está relacionado con un proceso, equipo, tarea o área. Es decir, el incendio, derrame, lesiones, problemas ambientales o enfermedades ocurren porque un proceso falló, un equipo colapsó, o una tarea se realizó deficientemente, o había una condición fuera de estándar en un área. Luego, será necesario investigar por qué falló ese elemento y qué oportunidad hay en el modelo de negocios para evitar que se repita el evento. En ASPEC en las primeras de cambio, la orientación es mayormente **funcional**, incorporando el componente **emocional** en aquellas situaciones donde las áreas comunitarias han sido fuertemente afectadas desde el punto de vista de salud mental y psicosocial.

Por otro lado, los profesionales de CSSA, históricamente, somos llamados como la función de CSSA; es decir, supervisor de

CSSA, o segregado (jefe de calidad, superintendente de seguridad, etc.). Para que observen la cantidad de posiciones que he ocupado a lo largo de mi carrera, les confío mi caso; me inicié como supervisor de seguridad, luego jefe de prevención de accidentes, recibí promoción a superintendente de prevención de accidentes, en el área de proyectos trabajé como ingeniero de seguridad industrial, escalé a gerente de planificación de seguridad y salud, luego fui promovido a gerente de salud, seguridad y ambiente, gerente corporativo de riesgos y condiciones laborales, más tarde en el área de servicios; gerente de portafolio para la continuidad operativa, y como independiente, fui consultor y auditor de procesos de seguridad.

El paradigma por romper no es la nominación si usted es supervisor, jefe, superintendente, especialista, gerente de área, región, corporativo o un director de esas funciones. Usted trabaja para que le reconozcan su nivel o cargo.

Siguió Marty en su exposición; *Peter F. Drucker mencionó en su sociedad del conocimiento que a lo largo de nuestras profesiones debemos aprender toda una cantidad de oficios que respondan a las conductas que debemos exhibir, y por eso el rosario de cargos que ocupé en mi carrera.*

Pero, continúa **Marty** en su reseña, *detrás de ello, hay una cantidad de hábitos a exhibir que nos conducen a un solo propósito medular o servicio que debemos prometer. Es lo que llamamos "Negocio Sostenible y Resiliente". Y dentro de este concepto estarían todas las funciones, en sus distintas fases de evolución cultural. En el caso de CSSA; Sostenibilidad del Negocio según la curva de Bradley (Nivel Reactivo, Dependiente, Independiente o Interdependiente) con sus distintos cargos; por ejemplo, se busca jefe de sostenibilidad del negocio XYZ en (nombre de la compañía). Un gerente general de una instalación es aquel que prácticamente ha recorrido las áreas de representatividad para contribuir a un negocio sostenible y resiliente.*

Para trabajar y dar orientación en este elemento, **Marty**, con el apoyo de **Mayhe**, invitó a un comité ampliado donde asistieron los directores de los negocios medulares, gerentes de primera línea, supervisores y trabajadores. Mediante una especie de taller de interacción de funciones, analizaron las distintas fronteras de la matriz valor - costo. Como parte del ejercicio, discutieron varios pasajes de;

a. La película DEEPWATER HORIZON, que trata sobre el accidente ocurrido en una plataforma de perforación en las costas de los Estados Unidos en el Golfo de México el 20 de abril del 2010.

b. Extractos de algunos episodios de la serie "Los Días" que versa sobre la tragedia natural ocurrida en Japón el 11 de marzo de 2011, en la que un terremoto y posterior Tsunami afectó la planta nuclear de Fukushima Daiichi, con impacto masivo en la seguridad y la reputación de la industria nuclear.

c. Cortes de la serie "Los trabajadores del ferrocarril" que trata sobre la historia no contada del accidente en Bhopal India en 1984 donde un escape de químico ocasionó la muerte de más de 15000 personas.

En todos esos casos de estudio, se explicó detalladamente las desviaciones asociadas en las posibles fronteras de opciones (ver figura 3.5). para comprender y, posteriormente, consolidar la propuesta de los procesos de la cadena de valor de CSSA dentro del sistema de servicios que puede estar apuntando a una empresa como ASPEC.

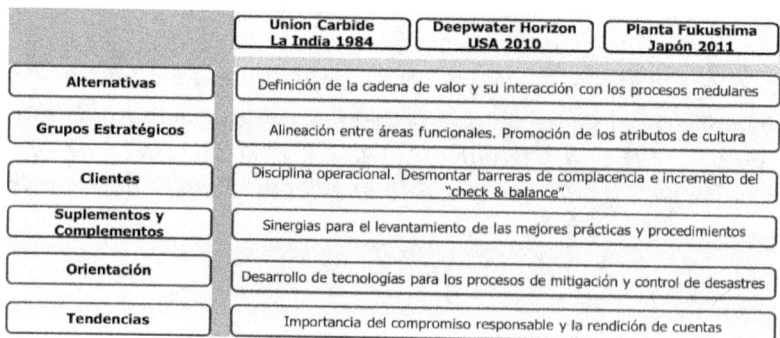

Figura 3.5 Análisis Valor – Costo en eventos CSSA.

La salida de este ejercicio dejó la mesa servida para que se ilustrara la identificación de acciones concretas, y formular definitivamente el qué y cómo se configurará el sistema de servicios con base en el requerimiento del MARS en CSSA en ASPEC.

3.6   El análisis ERIC en CSSA.

Marty afirmó que; *el último componente del sistema de servicios es el **análisis ERIC**, y al asociarlo con el posicionamiento del negocio en el área de CSSA, se desprenden muchos ejemplos que ilustran este concepto.*

La oferta de servicio más efectiva en prevención, control, recuperación y mitigación es aquella en la que se elimina lo necesario, se reduce lo requerido, se incrementa lo esencial y se crea lo indispensable. Este enfoque llamado ERIC permite identificar claramente las áreas de atención y garantiza que lo ofrecido al cliente sea lo óptimo.

Marty notó lo siguiente; *en mis experiencias como panelista en procesos de selección de personal para roles gerenciales en CSSA, las respuestas de los candidatos no siempre eran coherentes o adecuadas a las necesidades de la posición,* y siguiendo con los ejemplos manifestó que; *un profesional de CSSA debe presentar proactivamente respuestas a preguntas clave como: ¿Qué puede comprometer en CSSA para asegurar la sostenibilidad del negocio? ¿Cuál sería su enfoque? ¿Dónde centraría sus esfuerzos para cumplir con esa promesa de valor?*

Marty sugirió al grupo realizar el ejercicio de correlacionar lo más importante y lo más urgente de ERIC, basados en:

a. ***Eliminar*** *estructuras organizacionales funcionales o medulares que no apuntan al posicionamiento de la empresa o transferirla a otra área donde no exista exposición a peligros o riesgos innecesarios.*

b. ***Reducir*** *el "Check & Balance" o la realización de Auditorías, puesto que representan un retrabajo.*

c. ***Incrementar*** *el principio en el que la responsabilidad es proporcional al nivel de autoridad en la organización y fomentar la creación de conductas y hábitos asociados al posicionamiento de ASPEC.*

d. **Crear** un nuevo modelo que genere las mejores ofertas para contribuir al posicionamiento de ASPEC.

Estos desafíos estimulan la reflexión sobre la evolución y la adaptabilidad de las funciones de CSSA en línea con las demandas cambiantes del entorno empresarial y la búsqueda continua de la excelencia de un negocio sostenible y resiliente.

Al final la propuesta de servicio de ASPEC en CSSA, quedaría representada como sigue:

La cadena de valor de CSSA que debe desarrollar cada uno de los negocios, plantas, áreas en sus procesos medulares será: Eliminar, Sustituir, Prevenir, Observar, Recuperar, cualquier Desviación o Evento, y aplicar en caso de requerirse las alternativas para Mitigar, Ajustar y Seguir con las actividades para retornar a la normalidad (ver figura 3.**6**).

Figura 3.6 Cadena de Valor de CSSA

Los factores de competencia a satisfacer están relacionados con:

a. Lograr compromiso responsable.
b. Mantener servicio confiable.
c. Asegurar experiencia y reputación.
d. Usar el criterio de análisis de casos de estudio.
e. Plantear mejores opciones valor- costo.
f. Hacer foco en las mejores propuestas de servicios
g. Demostrar disciplina operacional.
h. Evidenciar gestión exitosa que apunte a un posicionamiento de negocio sostenible y resiliente.

3.7 Resumen capítulo III.

El capítulo destaca el papel crucial del sistema de servicios dentro del modelo MARS en el ámbito de CSSA.

38. Se subraya la importancia en la creación de procedimientos, prácticas y normas que impulsan la maquinaria organizacional, conecta la cadena de valor para lograr un negocio sostenible y resiliente.
39. Define directrices según características específicas, optimizando elementos para alcanzar metas.
40. Analiza la cadena de valor y sus atributos, identificando áreas de mejora.
41. Caracteriza cinco tipos de ofertas, desde reactivas hasta aquellas que erradican peligros y riesgos.
42. Cruza la cadena de valor con beneficios potenciales, como calidad, cultura y sostenibilidad.
43. Analiza opciones en términos de costo y valor, considerando la sensibilidad.
44. Guía decisiones sobre actividades para optimizar la oferta de servicio.
45. La cadena de valor busca la sostenibilidad del negocio mediante medidas proactivas en prevención, control, recuperación y mitigación.
46. Identifican elementos clave que distinguen la oferta de servicios, antes, durante y después de su ejecución.
47. Desde servicios reactivos hasta aquellos que eliminan riesgos, cada uno con su enfoque y valor específico.
48. Evalúa la generación de valor, considerando productividad, simplicidad, riesgos, imagen y aspectos ambientales.
49. Explora diversas fronteras, desde la perspectiva del empleado hasta las tendencias del mercado, para entender la generación de beneficios.
50. Promueve la oferta de servicios más efectiva, donde se; elimina, reduce, incrementa y crea para optimizar.
51. Desafía la posibilidad de eliminar estructuras organizacionales, reducir auditorías, ajustar responsabilidades y crear nuevos modelos, estimulando la adaptabilidad de la función a las demandas cambiantes.

Todos estos aspectos son resumidos en seis (6) hitos a lograr en el sistema de servicios en CSSA:

A. Análisis de la cadena de valor y atributos.

B. Descripción de los factores de competencia.

C. Caracterización de los tipos de ofertas, desde reactivas hasta eliminación de riesgos.

D. Descripción de la matriz valor – beneficio de las ofertas de servicios.

E. Caracterización de fronteras de opciones.

F. Desafío de eliminar, reducir, incrementar y crear actividades en las funciones de CSSA.

Capítulo IV
La Gente en CSSA

"GENTE positiva con buenos hábitos son los mejores"

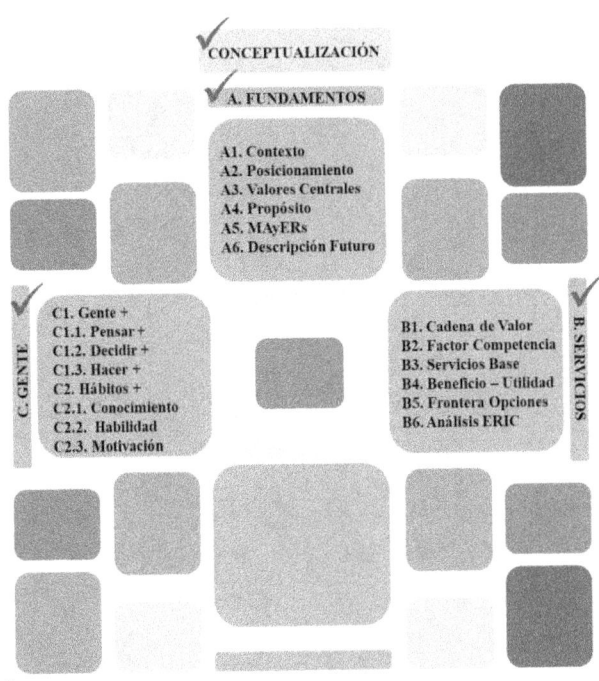

Contenido

- ✓ **Primera parte: Gente positiva**
- o *Pensar en positivo*
- o *Decidir en positivo*
- o *Hacer en positivo*
- ✓ **Segunda parte: Hábitos positivos**
- o *Conocimiento*
- o *Habilidades*
- o *Motivación*
- ✓ **Resumen Capítulo IV**

4. Gente en CSSA.

En este capítulo, **Manny** inicia destacando que; *son las personas con sus respectivos roles, responsabilidades y resultados esperados, las auténticas impulsoras del modelo. La complejidad de este sistema se incrementa al analizar los resultados de la encuesta realizada para caracterizar la opinión del personal sobre el rol de CSSA en ASPEC.* Vale la pena mencionar que una muestra representativa respondió de la siguiente manera:

1. El 68% afirmó que el compromiso en CSSA es igual para el gerente de planta, el jefe de planta y el asesor de CSSA. Es decir, el "Dueño" del servicio medular tiene el mismo compromiso que el "Coach de CSSA". Si consideramos el principio que establece que el nivel de responsabilidad es una función de la autoridad que ostenta la persona en la organización, podemos concluir que alrededor de dos tercios del personal desconocen que el gerente de planta es quien tiene el mayor compromiso.

2. Un 47% indicó que gente positiva (G+) es aquella que siempre elige lo correcto. Considerando que dentro del MARS una persona positiva es alguien que "piensa, decide y ejecuta" lo correcto, podemos concluir que, en estos momentos, casi la mitad de nuestra gente solo tiene en cuenta una de las tres variables que definen a una G+.

3. Un 58% considera que un líder es aquel que posee conocimiento, habilidades y motivación, lo cual, dentro del MARS, equivale a la definición de Hábito. En esta perspectiva, más de la mitad de las personas pasan por alto que un líder, además de tener Hábitos positivos (H+), también debe poseer las características de una G+.

Por otro lado, Manny enfatiza que; *para organizar eficientemente este sistema dentro del MARS aplicado en CSSA, es preciso considerar las siguientes premisas:*

a. Los valores centrales y el propósito acordados en el sistema fundamentos son las palancas para el compromiso responsable de la gente hacia las funciones de CSSA.

b. Para superar los desafíos y cambiar la industria desde las circunstancias actuales ya descritas en el contexto discutido en los esenciales, es clave el esfuerzo colectivo y excepcional por parte de todo el personal de ASPEC. En este sentido, se hace un llamado a la acción y a la participación proactiva de los empleados para enfrentar y resolver los problemas que afectan a ASPEC.

c. Algunas conductas del personal en sus distintos roles pueden ir más allá de lo plasmado en un documento rector. La conducta de los empleados no siempre se limita estrictamente a lo que está escrito en la política, procedimiento o instrucción. Puede haber espacio para la autonomía y la toma de decisiones informadas que contribuyan al éxito y al logro de objetivos de la empresa, siempre que estén en línea con los valores y el propósito de la organización.

d. El nivel de exigencia es una función del compromiso, y este a su vez es proporcional al grado de autoridad en la organización. Aquí se espera de cada uno de nosotros más compromiso cuando ocupamos posiciones de mayor responsabilidad.

e. En CSSA, el "check & balance" siempre existirá, pero es mejor si no se convierte en un retrabajo. Se refiere a la aplicación balanceada de controles internos y medidas de supervisión que se utilizan para garantizar que las actividades y procesos en estas áreas se ejecuten de manera adecuada y cumplan con los objetivos y estándares establecidos.

f. Para llegar a una cultura interdependiente es preciso formar líderes. Los líderes tienen la responsabilidad de modelar y fomentar la colaboración, la comunicación efectiva y la interconexión entre los equipos y departamentos, lo que contribuye a una cultura más cohesionada y orientada hacia el trabajo en equipo.

g. Para ser líderes hay que demostrar compromiso responsable y disciplina, y ser G+ con H+. Un líder efectivo va más allá de un título o posición. Implica demostrar cualidades como el compromiso, la disciplina, la actitud positiva y la adopción de hábitos constructivos en la vida diaria. Estas cualidades y comportamientos son esenciales para inspirar y guiar a otros de manera efectiva.

Finalmente, destaca que; *independientemente del rol de cada empleado o trabajador, el sistema gente debe estar compuesto por G+; es decir, personas que piensan positivamente, eligen siempre lo correcto y ejecutan las cosas bien. Además, deben exhibir H+;*

producto del área común que involucra al conocimiento en CSSA, la habilidad en la implantación de la cadena de valor de CSSA y la motivación de mantener el esfuerzo con disciplina. La persona que no reúna estas competencias no debe formar parte de la organización.

Manny concluyó mencionando *que las interacciones de este sistema (Figura 4) con: a) los fundamentos es el* **compromiso**; *b) los procesos medulares es la* **alineación** *y c) la gestión es la* **disciplina**. *La evaluación cuantitativa del sistema se realiza asignándole un peso relativo de* **32/100**, *lo que refleja su criticidad para el logro de un negocio sostenible y resiliente. Para avanzar en el desarrollo de este componente del modelo, solicitó a* **Mayh**e, *como directora de áreas funcionales, que coordine los elementos dentro de este sistema.*

Figura 4 Sistema Gente en CSSA

4.1 Primera parte: Gente positiva.

A continuación, **Mayhe** expone; *tomando como referencia lo presentado en la introducción, dentro del sistema gente del MARS, encontramos que el resultado de* **gente en positivo** *(G+) se obtiene cuando se* **piensa** *en positivo,* **decide** *en positivo y* **ejecuta** *en positivo. Es decir, el mejor resultado apuntará cuando el pensar, decidir y ejecutar estén coordinados y en armonía hacia lo que queremos, y en este caso de estudio, es lograr el posicionamiento de ASPEC.*

Para que ASPEC sea un negocio sostenible y resiliente, nos enfocaremos en los roles, responsabilidades y resultados que se esperan del "dueño" del proceso, equipo o tarea, como en el caso de

Josep o Khala en ASPEC, y el "coach" de la cadena de valor de CSSA para lograr el posicionamiento de ASPEC dentro del MARS, siendo esta el área de competencia de Marhy y Marty.

En este caso particular, partiremos de las siguientes premisas organizacionales:

a. *El objetivo central de cualquier organización de ASPEC (medular, apoyo, corporativo, operativo), incluyendo el capítulo funcional de CSSA, es contribuir a lograr un posicionamiento de negocio sostenible y resiliente (PNSR).*
b. *Para alcanzar el PNSR, es necesario optimizar la aplicación del principio "Check and Balance" y, de esa manera, evitar conflictos entre el área medular y el habilitador o apoyo.*
c. *En el PNSR, la responsabilidad recae mayormente en quien tiene la autoridad sobre el proceso, equipo, tarea o área que está siendo operada o intervenida (en este caso, el "dueño").*
d. *El profesional de CSSA (el equipo de Marhy y Marty) es responsable de dirigir y orientar al "dueño", mediante un coaching efectivo y oportuno. Por tanto, es corresponsable por la implantación de la cadena de valor para prevenir, controlar, recuperar y mitigar los riesgos identificados y evaluados dentro del servicio medular.*
e. *El nivel de responsabilidad dentro de cualquiera de los roles depende del grado de autoridad que esa persona tiene en la organización.*

En consecuencia, en el sistema gente de ASPEC, lo clave es contar con personas en cada uno de los roles que tengan un pensamiento correcto, que decidan asertivamente según su compromiso y ejecuten las acciones de acuerdo con los resultados esperados de ellos.

Mayhe prosigue consultando el libro MARS, y señala que; *el resultado del conjunto de pensar, decidir y ejecutar depende de la intención, visión y pureza con la cual llevemos a cabo los roles, responsabilidades y los resultados que se esperan de nosotros. Si, por el contrario, en CSSA se prometen escenarios que no se pueden alcanzar, es crucial evitar caer en engaños. Si no tenemos una clara dirección, es preferible abortar el esfuerzo (es mejor desistir por no saber que conducir a un abismo); y si hay falta de transparencia en los* *resultados por complacencia o complicidad, entonces se estará atrapado en el camino errado, y el efecto en cualquier momento sería peor. En ASPEC, estamos dispuestos a hacer un quiebre inmediato de la situación actual, respaldado por hechos contundentes, demostrables y visibles ante cualquier instancia, pero principalmente que responda a las necesidades de los miembros de la comunidad a la que nos debemos, quienes son los accionistas finales.*

4.1.1 Pensar en positivo.

Dentro de este sistema, para que una persona sea gente positiva, debe iniciar con **pensar en positivo**. En el contexto de las funciones de CSSA (igual ejercicio debe hacerse con el "dueño" del proceso), Mayhe plantea la pregunta; *¿Qué significa pensar en positivo para la función de CSSA?* **Marhy** responde detalladamente:

a. En CSSA, significa entender nuestro papel como "coaches" para integrar estas funciones en los procesos medulares. Implica tener una visión clara de lo que la empresa busca lograr y pensar con un propósito colectivo y pureza, garantizando resultados integrales para la sostenibilidad del negocio. En este punto, la dirección de ASPEC está convencida de la necesidad de cambiar la empresa desde las circunstancias actuales, reconociendo sus metas en CSSA. La promesa de valor se centra en lograr una empresa productiva, generadora de bienestar para los trabajadores y felicidad para los accionistas.

*b. En esta función, es crucial asumir que somos corresponsables tanto en los buenos como en los malos resultados. La función de CSSA tiene su parte en cualquier resultado exitoso, pero también comparte la responsabilidad si los resultados no son sostenibles. La primera característica del **compromiso** es asumir esta corresponsabilidad en las acciones diarias. No debe haber excusas para justificar adversidades, y la humildad para compartir éxitos es esencial.*

c. La credibilidad es fundamental en una función de CSSA. Comienza con creer en uno mismo para generar confianza y ser congruente con los esenciales. En una organización donde la función de CSSA no goza de credibilidad, es imposible alcanzar los resultados esperados.

d. Implica paciencia y sostenibilidad en los logros. Las metas deben satisfacer etapas y estar alineadas con el propósito final de una meta audaz y retadora.

e. *Significa proyectar lo que se desea alcanzar e imaginar cómo será cuando se logre el éxito propuesto.*

f. *Reconociendo que, como seres humanos enfrentamos pensamientos negativos, una G+ en CSSA debe tener la capacidad de transformar esos pensamientos errantes en oportunidades.*

En el desarrollo del perfil profesiográfico del empleado o trabajador, es esencial comprender desde el principio cómo piensa la gente y reconocer si existe una brecha significativa entre lo que se tiene y lo que se desea de su contribución al posicionamiento de ASPEC.

4.1.2 Decidir en positivo.

La segunda variable para cultivar con G+, según **Mayhe**; *es la de **decidir en positivo**, marcando la transición entre el pensar y el ejecutar*. Al respecto, comparte una cita inspiradora de Theodore Roosevelt; *"En cualquier momento de decisión, lo mejor es decidir lo correcto, luego decidir (correcto o incorrecto), y lo peor es no tomar decisión".*

En el contexto de las funciones de CSSA, **Marhy** responde a la pregunta sobre qué significa decidir en positivo en el rol de CSSA, proporcionando consejos extraídos del libro MARS, aplicables a cualquier función de ASPEC:

a. *Comenzar con el fin en la mente, pero en la dirección correcta.* La responsabilidad de contribuir al PNSR debe estar siempre presente en el rol. Desviarse hacia otra dirección puede ser problemático.

b. *En la toma de decisiones difíciles en CSSA es crucial:*
- *Obtener la máxima información posible.*
- *Practicar la paciencia.*
- *Buscar consejos.*
- *Escuchar cuidadosamente la conciencia.*
- *Actuar cuando llegue el momento.*

c. *En la definición de la cadena de valor en CSSA es esencial, dar el primer paso.* Siguiendo el pensamiento de Martin Luther King Jr.: *"No importa cuántos escalones tiene la escalera, solo da el primer paso".*

d. *Creer en tus ideas respaldada por su experiencia en diversas situaciones como profesional de CSSA.* Nadie debe repercutir en la *toma de decisiones, especialmente cuando puede significar un gran avance en la gestión.*

e. Recrear en la mente el "sí se puede" e inspirarse en la creencia de que el éxito está más allá de los miedos, como menciona Jack Canfield.

f. La toma de decisiones en CSSA debe considerar que, si no se decide sobre cambios necesarios para un esfuerzo sistémico, otros lo harán para satisfacer esas necesidades.

El perfil profesiográfico del empleado proporcionará información sobre la forma en que la gente toma decisiones, permitiendo anticipar brechas que puedan afectar el posicionamiento de ASPEC.

Marhy enfatiza su convicción de que; *a través del MARS se puede encontrar el punto de inflexión para iniciar la recuperación de ASPEC hacia el posicionamiento propuesto, y alienta a que este ejercicio sea completado por todos los actores en cada uno de los negocios de la corporación.*

4.1.3 Ejecutar en positivo.

Finalmente, **Mayhe** prosigue con la siguiente variable de esta primera parte del sistema gente del MARS, expresando que; *para ser una G+, se debe culminar las acciones de manera positiva después de pensar y decidir. En otras palabras, se debe gestionar adecuadamente.* Aquí, cita las palabras de Peter Drucker: *"Liderazgo es hacer las cosas y Gestión es hacerlas bien"*. Siguiendo el formato de participación, plantea la pregunta sobre ¿*Qué significa* **ejecutar en positivo** *en el rol de CSSA?*

Marhy, respondiendo a la dinámica establecida, ofrece consejos en el contexto de las funciones de CSSA, tomando como referencia el libro MARS:

a. Comenzar ejecutando lo que más amamos: En el ámbito de CSSA, un profesional debe iniciar su rol de coaching con entusiasmo, utilizando el MARS como modelo para contribuir a un negocio sostenible.

b. Realizar las tareas con fuerza y valentía, atendiendo a las necesidades individuales y organizacionales para llevar a ASPEC a un nivel de alta referencia.

c. *Ser persistente, conscientes de que surgirán obstáculos y barreras. Aunque esta función puede ser desafiante, estrategias basadas en el compromiso responsable, obtenidas del MARS, permitirán sensibilizar y convertir en aliados a aquellos que inicialmente se oponen al propósito de ASPEC.*

d. *Actuar rápidamente, siendo los primeros en tomar la iniciativa. Las acciones iniciales pueden resultar confusas, pero gradualmente se clarificarán, ganando seguidores que se sumarán a las intenciones.*

e. *Estratégicamente buscar aliados en CSSA, construyendo una red de individuos comprometidos con el esfuerzo positivo para contribuir a aquellos que creen en el negocio sostenible.*

f. *Enfocarse en CSSA donde sea necesario. Aplicar el principio "Do less then Obsess" para concentrar la mayor energía y esfuerzo en resolver, implantar o mejorar de manera sistémica los servicios de CSSA, al igual que en los servicios medulares.*

Mayhe elogia la explicación de Marhy y destaca la importancia de desarrollar un perfil del empleado y trabajador que proporcione información sobre cómo actuaría una persona en relación con los objetivos buscados. Este perfil se convierte en un requisito mínimo para evaluar la idoneidad, ratificación, cambio, o permanencia de empleados en roles clave o trabajadores en procesos, tareas u operaciones de alto riesgo en ASPEC.

Al dar por concluida esta parte menciona; *en la próxima sección comenzaremos el segundo componente del sistema gente, el cual está relacionado con los hábitos, por lo que les invito a reflexionar sobre cuáles serían las conductas que una persona de CSSA en su papel de coaching debe habitualmente exhibir.*

4.2　Segunda parte: Hábitos positivos.

En este elemento, **Mayhe** sostiene que; *con personas en positivo, es altamente probable que las consecuencias de nuestras acciones sean positivas o beneficiosas. Por ende, la tarea consiste en practicarlo con regularidad para convertirlo en un hábito sólido. Esto, a su vez, definirá al líder como alguien con la disciplina operacional necesaria, siendo una persona positiva con* **hábitos positivos**.

También subraya esta idea recordando la célebre cita de Aristóteles; *"Somos lo que hacemos día a día, de modo que la excelencia no es un acto, sino un hábito"*.

En su rol como directora de áreas funcionales, Mayhe aconseja a los colegas de ASPEC; *definan hábitos basándose en los factores clave de éxito que propone el MARS, y conviertan en hábito las siguientes conductas:*

1. Prometer lo mejor y cumplir esa promesa para generar confianza y obtener reconocimiento.
2. Aceptar la responsabilidad en el rol y convertirla en un modelo y rutina.
3. Obsesionarse con lo planificado y evitar que todo se vuelva urgente.
4. Cumplir las condiciones de la disciplina operacional en el qué, cómo, dónde, cuándo, cuánto y quién.
5. Hay que asegurar que los actores estén alineados con los roles, responsabilidades y resultados en la cadena de valor.
6. Integrar el sistema de gestión con la estrategia bajo un enfoque sostenible.

Estas conductas se asocian con la característica común de **conocimiento, habilidad y motivación**, *para que sean hábitos de alto desempeño*. Luego, propone analizar cada uno de estos tres elementos y su contribución al desarrollo de hábitos positivos, e inicia el proceso preguntando nuevamente a la función de CSSA *¿Cómo interviene la variable conocimiento dentro de su rol en esa área?*

4.2.1 El conocimiento para formar buenos hábitos.

En esta ocasión, **Marty** comparte que; *hay seis maneras en las que la variable del* **conocimiento** *influye en los hábitos dentro del ámbito de CSSA en ASPEC. Estas son:*

1. Poseer un conocimiento profundo del proceso medular y su integración en la cadena de valor de CSSA proporciona una base sólida sobre qué hacer y cómo hacerlo.
2. La lectura, la investigación y la reflexión constante, realizadas con humildad, son comparables a sumergir la mano en un pote de pescado fresco; el olor impregna nuestras acciones.

3. El conocimiento actúa como un faro que ilumina el camino hacia el posicionamiento de un negocio sostenible. Ayuda a identificar barreras y obstáculos potenciales.

4. La comprensión y el compromiso enriquecen la calidad del servicio a través de la estrategia. La energía de calidad se convierte en un impulsor excepcional de resultados.

5. El conocimiento proporciona el mapa y la brújula necesarios para navegar por un mar de desafíos. Planificar, observar y aprovechar oportunidades nos mantiene en rumbo o nos ayuda a retomar el camino en CSSA.

6. Satisfacer las necesidades con compromiso alimenta la apreciación de lo esencial como energía de calidad y la congruencia de la energía de cultura, creando un entorno donde la excelencia en CSSA puede florecer.

En CSSA, el conocimiento no es simplemente información; es el oxígeno que impulsa la mejora continua, la excelencia operativa y el éxito en el camino hacia el posicionamiento de ASPEC. Por lo tanto, ¡continuemos nutriéndonos a través de la sed de conocimiento en nuestro rol para construir buenos hábitos!

4.2.2 La habilidad para formar buenos hábitos.

¿Cómo contribuye el componente de **habilidad** para formar buenos hábitos dentro del rol de CSSA? **Marty** comparte su perspectiva, destacando que; *esto depende del perfil físico y mental de la persona para ejecutar tareas y, en segundo lugar, la práctica suficiente para hacerlo correctamente.* No todo está delineado en procedimientos; muchas habilidades se adquieren a través de experiencias al realizar actividades. La habilidad aplicada en CSSA es un tesoro preciado, y para obtenerla, debemos seguir un camino lleno de descubrimientos y logros. A continuación, describo los puntos clave que definen esta contribución a los hábitos:

1. El "truco, la maña y la viveza" es una forma de comprender que no todo está escrito y que, en ocasiones, el sentido común dicta la conducta. Imaginémonos como exploradores temerarios y curiosos al realizar análisis de riesgos detallados, aportando experiencias personales que van más allá de manuales de operaciones.

2. *La práctica es la llave que nos conduce a la excelencia. Así como un músico perfecciona su arte, en CSSA debemos practicar repetidamente para alcanzar el nivel de calidad deseado.*

3. *Transitar el camino que nos lleva a un lugar donde la productividad se hace presente, a pesar de la entropía que pueda surgir debido a los esfuerzos. Nos inspiramos en los resultados obtenidos en CSSA para seguir adelante.*

4. *Mantenemos el rumbo en el proceso acordado, pero también somos innovadores. En CSSA, creamos nuevos habilitadores basados en datos recopilados de estadísticas y casos prácticos. El uso del MARS es una forma de demostrar esta contribución a los hábitos.*

5. *Nuestra habilidad aplicada nos convierte en líderes inspiradores. En CSSA, enseñamos a pensar positivamente, buscar aliados y enfrentar el cambio mediante un nuevo modelo que busca altos estándares.*

6. *Finalmente, alcanzamos la disciplina operacional como uno de los factores críticos de éxito más importantes. En las siguientes etapas, exploraremos las seis condiciones esenciales para lograr esta disciplina y llevar el componente de habilidad aplicada en CSSA a nuevas alturas.*

La habilidad nos dota de poder, alejándonos de los miedos y temores, representando así el combustible para que las conductas se conviertan en hábitos.

4.2.3 La motivación para formar buenos hábitos.

Finalmente, **Marty** subraya; *la importancia de la **motivación** para formar, mejorar o cambiar la conducta, vinculando los resultados con el éxito. De esta manera, la conducta se repetirá lo suficiente hasta convertirse en un hábito natural o automático, sin que nos demos cuenta de cómo realizamos las tareas.*

En el contexto aplicado a CSSA, la motivación se distingue por tener personas capaces de generar energía y demostrar gestión exitosa, lo cual es observable a través de:

a. Es crucial imprimir pasión a la ejecución, manteniendo claro el beneficio de lograr el posicionamiento de ASPEC una vez concluido el esfuerzo.

b. Centrarse en las tareas donde se aprovecha mejor la energía para alcanzar el propósito colectivo e individual.

c. Frente al riesgo, dificultad, miedo o lo desconocido, las personas de alto rendimiento hablan por sí mismas, comparten su verdad y ambiciones, y enfrentan la lucha aprendiendo a manejarla.

d. En lugar de quejarse o rendirse, identifican su misión dotándola de propósito y significado.

e. Exhibir comportamientos que motivan a generar energías y demuestran una gestión exitosa, tales como:

- Asumir el 100 % de la responsabilidad de los actos directos e influir en los indirectos, sin excusas ni culpas a otros.
- Inspirar acciones basadas en sueños y esperanzas.
- Persistencia sin fastidios.
- Capacidad infinita para pensar, decidir y hacer en positivo, recuperándose rápidamente de las caídas.
- Ir siempre adelante y solo inclinarse para tomar impulso.
- Creer en sí mismo y en los resultados para lograr el futuro dibujado.

La motivación constituye la tercera variable en la formación de hábitos, siendo la chispa que desencadena la conducta deseada.

Este ejercicio debe replicarse en cada negocio, proceso y función de ASPEC, determinando los hábitos esperados de los empleados y trabajadores.

4.3 Resumen capítulo IV.

En este capítulo, en la primera parte del sistema gente:

52. Señala que las personas, con sus respectivos roles, responsabilidades y resultados esperados, son las auténticas impulsoras del MARS en CSSA.

53. Analiza los resultados de una encuesta sobre la percepción del personal sobre el rol de CSSA en ASPEC.

54. Destaca el compromiso en CSSA, y señala premisas clave para organizar eficientemente el sistema.

55. Enfatiza la importancia de valores, esfuerzo colectivo, conductas más allá de lo escrito, nivel de exigencia, "check & balance," y la formación de líderes para una cultura interdependiente.

56. Presenta la primera parte del sistema gente del MARS, centrada en gente positiva (G+).
57. Expone que ser G+ implica pensar, decidir y hacer en positivo.
58. Reseña la importancia de roles como el "dueño" del proceso y el "coach" de CSSA.
59. Propone premisas organizacionales y analiza cómo el pensamiento, la toma de decisiones y la acción deben estar alineados con el posicionamiento de negocio sostenible y resiliente.
60. Acentúa el desarrollo de un perfil profesiográfico para evaluar la idoneidad de empleados y trabajadores.
61. Destaca la importancia de practicar hábitos positivos para alcanzar resultados beneficiosos.
62. Propone seis conductas convertibles en hábitos, como cumplir promesas, comprometerse responsablemente, enfocarse en lo importante, cumplir condiciones de disciplina operacional, alinear la cadena de valor, y lograr resultados sostenibles.
63. Reflexiona sobre el conocimiento, habilidad y motivación como factores clave para desarrollar hábitos positivos en CSSA.
64. Expone cómo el conocimiento proporciona fundamentación sólida, aprendizaje continuo, claridad estratégica, alianza entre calidad y estrategia, navegación eficiente y compromiso-congruencia.
65. Aborda la habilidad para formar hábitos relacionados con:
a. la práctica constante, el "truco, la maña y la viveza,"
b. el incremento de la productividad,
c. el enfoque y flexibilidad,
d. la búsqueda de un liderazgo por influencia, y
e. la práctica de la disciplina operacional.
66. Destaca la importancia de la pasión en la ejecución, enfoque del esfuerzo, manejo de desafíos, admiración por las dificultades, y comportamientos motivadores.
67. Concluye que la motivación es la tercera variable en la formación de hábitos, siendo la chispa que desencadena la conducta deseada.
68. Acuerda que este proceso debe replicarse en cada negocio, proceso y función de ASPEC para determinar los hábitos esperados de los empleados y trabajadores.

Todos estos aspectos son resumidos en seis (6) hitos a lograr en el sistema gente en CSSA:

A. Presentación de la primera parte centrada en "Gente positiva".

B. Caracterice G+ en los distintos roles y responsabilidades de los negocios.
C. Propuesta de conductas convertibles en G+.
D. Presentación de la segunda parte centrada en "Hábitos positivos".
E. Caracterice H+ en los distintos roles y responsabilidades de los negocios.
F. Reflexión sobre prácticas para desarrollar hábitos positivos.

Capítulo V
Gestión en CSSA

"El SECRETO es atender las situaciones con elementos y referencias apropiadas para lograr incorporar las oportunidades de mejora"

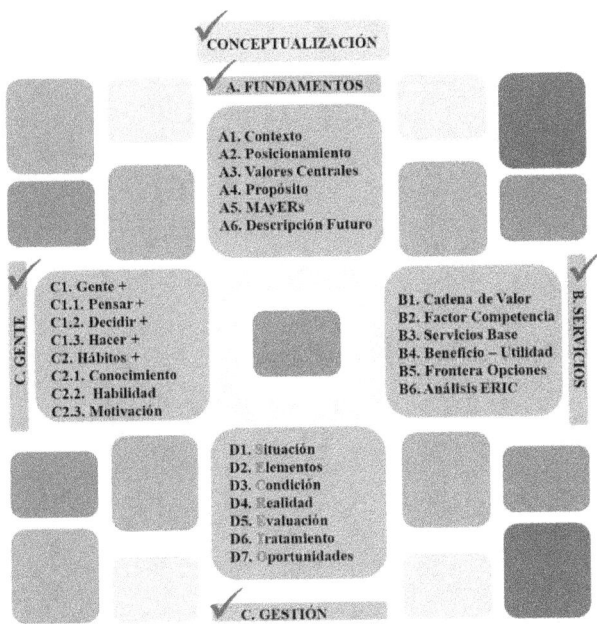

Contenido

- ✓ **S**ituación del contexto
- ✓ **E**lementos de la situación
- ✓ **C**aracterísticas de los elementos
- ✓ **R**ealidad de la circunstancia
- ✓ **E**valuación del caso de estudio
- ✓ **T**ratamiento de las opciones
- ✓ **O**portunidades de mejora
- ✓ **Resumen del Capítulo V**

5. Gestión en CSSA.

En el camino hacia un negocio sostenible y resiliente en CSSA, se identifica un componente crucial en ASPEC; se trata del cuarto sistema dentro del modelo. La **gestión** representa el motor operativo del MARS y en esta ocasión se ejemplifica la transformación del negocio aguas abajo bajo la dirección de **Khala** y el respaldo de **Marhy** y **Marty** como expertos en CSSA

Khala, al iniciar el ejercicio, destaca que; *la gestión por sí sola no crea el modelo, pero es un eslabón fundamental. En este sistema, se garantiza la alineación de los resultados con los objetivos establecidos.*

El equipo táctico y los ejecutores de operaciones diarias desempeñan un papel vital al poner en marcha procesos esenciales y centrarse en acciones de alto valor en el contexto de CSSA. Se valida la ejecución de los colaboradores para asegurar la alineación de roles y responsabilidades, garantizando un desempeño disciplinado.

Marhy, dentro del modelo de CSSA, concuerda en qué; *el sistema de gestión, como brazo ejecutor, se encargará de:*

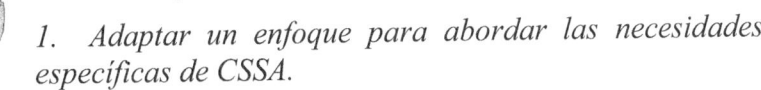

1. Adaptar un enfoque para abordar las necesidades específicas de CSSA.

2. Desarrollar una sólida descripción del posicionamiento de ASPEC y los principios que guiarán las metas y objetivos.

3. Reconocer y priorizar los servicios relacionados con el contexto.

4. Asegurar contar con el personal más capacitado y comprometido para llevar a cabo el modelo.

5. Garantizar interacciones efectivas y el cumplimiento de promesas de valor, comprometiéndonos a buscar la excelencia, identificar prioridades clave, mantener una disciplina operativa rigurosa, alinear a los actores, medir el desempeño constantemente a través de indicadores clave, buscar beneficios continuos, optimizar los procesos medulares, invertir en nuestra gente y buscar constantemente mejoras en el modelo.

Marty, por su parte, resalta que; *el enfoque del sistema de gestión se basa en un habilitador propio llamado "SECRETO". Es el resultado de aplicar siete elementos de manera lógica y secuencial, abarcando completamente los alcances de los otros tres sistemas: los fundamentos, los servicios y la gente.*

El sistema de gestión, según "SECRETO", inicia con:

- *Identificar las situaciones clave en referencia al contexto y posicionamiento de CSSA.*
- *Precisar las estrategias para afrontar esas situaciones.*
- *Identificar las características de esos elementos.*
- *Describir la realidad a estudiar o analizar.*
- *Evaluar posibles medidas de control de los desvíos.*
- *Tratar las medidas de control dentro de la cadena de valor.*
- *Finalmente, buscar oportunidades de mejora continua.*

La evaluación cuantitativa del sistema asigna un peso relativo de **29/100**, reflejando su importancia clave para obtener un resultado de un negocio sostenible y resiliente (Figura 5)

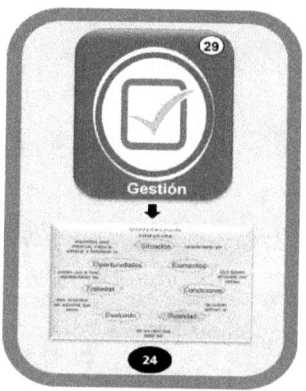

Figura 5 Sistema de Gestión en CSSA

5.1 La situación del contexto.

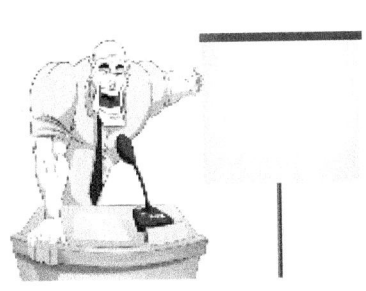

En ASPEC, según las palabras de **Kiker**, quien desempeña la función de gerente de logística, se reconoce la vital importancia de los factores competitivos en las diversas fases de un servicio. Aquí manifiesta; *anticipamos acometer eficientemente cualquier situación relacionada con CSSA. En este contexto, definimos una **situación** como un estado, hecho, escenario, nivel, estatus o elemento que merece ser analizado, caracterizado, reconocido, evaluado y tratado con el propósito de cumplir con las especificaciones de un negocio sostenible.*

Cada situación presenta cualidades y características concretas, ya sean temporales o permanentes, convirtiéndola en un catalizador o circunstancia capaz de influir en el propósito final. Cuando identificamos una situación que pueda marcar la diferencia en el camino hacia un negocio sostenible y resiliente, o percibimos una oportunidad de mejora que requiere nuestra atención y acción, es el momento de gestionar y redirigir nuestros esfuerzos.

En ASPEC, el proceso de reconocer la relevancia de una situación en el ámbito de CSSA comienza por entender claramente los objetivos: ya sea minimizar amenazas potenciales contra la sostenibilidad y resiliencia, mantener los esfuerzos para maximizar las oportunidades o introducir nuevos servicios que aseguren un crecimiento sostenido.

Es crucial recordar que el sistema de gestión actúa como un reflejo de lo planificado en el sistema de fundamentos. Por lo tanto, con base al deterioro sostenido de la cultura de CSSA (contexto tomado del resumen hecho por Grila y Manny en la sección 2.1, aparte 5) *y la composición del nuevo posicionamiento de ASPEC* (presentado por Josep en la sección 2.2), *identificamos efectivamente varias situaciones para el potencial caso de estudio. Estas son:*

- **Situación 1:** *En las últimas dos décadas, una dirección inapropiada ha causado un deterioro sistemático en áreas críticas*

 como CSSA en nuestra empresa. Esto ha resultado en daños irreparables en todos los aspectos del negocio, impactando negativamente la calidad de vida de los ciudadanos. **Debemos implementar un plan táctico de efecto inmediato y urgente para revertir los daños y desviaciones actuales.**

- **Situación 2:** La empresa debe enfrentar los desafíos de las energías emergentes y acuerdos internacionales con cambios estructurales significativos. **Debido al rezago en esta área, la adopción de una estrategia que priorice un posicionamiento de negocio sostenible y resiliente es imperativa.** Esto nos  permitirá recuperar la confianza de nuestros empleados y partes interesadas, estableciendo las bases para un futuro próspero durante la transición y más allá.

- **Situación 3:** Para los próximos 10 años, se requiere un cambio profundo en nuestro plan de negocios. **Debemos enfocarnos en la mejora sostenida, restaurar nuestra reputación, revitalizar la cultura organizacional y comprometernos con la responsabilidad social corporativa.**

Kiker concluyó afirmando: *"La clave está en comprender tu entorno para determinar la estrategia adecuada".*

5.2   La estrategia de la situación.

En ASPEC, resulta fundamental reconocer las acciones o servicios aplicables dentro del sistema de gestión para afrontar los procesos, equipos, tareas y áreas relacionadas con la situación de CSSA. **Mauro**, al iniciar, *destaca la importancia de que cada uno de los negocios, en sus procesos medulares y áreas funcionales, identifique la* **estrategia** *que al correlacionarse con los componentes de la cadena de valor de CSSA, mejor responda a la situación planteada.*

Por tanto, en la primera situación, que implica la implementación de un plan táctico para revertir el deterioro sistémico de la empresa en materia de CSSA, es necesario plantear una estrategia que integre la cadena de valor de CSSA con los procesos medulares de los negocios, o viceversa. El objetivo es lograr la continuidad operativa segura, saludable y sostenible, incrementando progresivamente los niveles de producción, manufacturando productos necesarios para el consumo interno e importación, y asegurando el transporte y venta de productos para el consumo nacional y el mercadeo externo.

En el siguiente inciso, intervienen **Marhy, Marty** y **Mauro**, coincidiendo en que *lo esencial es recuperar el valor de trabajar bajo un enfoque de cultura preventiva de eventos no deseados, caracterizado por una mejora sistémica.* Se destacan ejemplos de corporaciones que integran los aspectos de CSSA como parte integral de sus fundamentos, proponiendo alcanzar una cultura de interdependencia, la implantación de sistemas ISO integrados en esas funciones, y la que nos hemos propuesto conseguir en ASPEC, que apunta a lograr el negocio sostenible y resiliente mediante el aporte funcional de CSSA.

En el ejercicio del contexto, Marty recuerda una cantidad importante de accidentes significativos. Por ejemplo, en ese entonces, ocurría una fatalidad cada 5 días, con numerosos derrames que causaban daños irreversibles al ambiente, impactando propiedades y eventos mayores en las áreas operacionales. Se concluye que en muchas áreas operacionales e instalaciones ha ocurrido un deterioro sistémico, comparado con la presencia de un campo minado, con una metástasis de comportamientos negativos y solo encontraremos en muchos casos un cascarón de pensamientos, documentos e infraestructura sin utilidad y de mucho riesgo para el proceso de recuperación (Figura 1 de la conceptualización del modelo).

Sin embargo, a pesar de este contexto desafiante, el objetivo sigue siendo contribuir a recuperar la empresa y así devolver la calidad de vida y salud mental de la gente. La pregunta retadora es:

¿Cómo lograremos revertir y encaminar el esfuerzo de la racional cultura preventiva?

Dentro de la fase de emergencia, se enfatizan dos estrategias dentro del sistema operativo:

A. Rigurosa identificación de peligros y análisis de riesgos en los procesos, equipos, tareas y áreas y aplicar los criterios de jerarquía de controles como apoyo en la toma de decisiones (la cadena de valor).

B. Cumplir con los protocolos de mínimos mandatorios (MM) en los procesos, equipos, tareas y áreas (PETA).

Es así como la organización de una instalación operacional o la que administre los equipos de mitigación de emergencias debe obtener la autorización para activar un proceso, arrancar un equipo, realizar una tarea o ingresar a un área de trabajo, según lo siguiente (Ver Figura 5.2):

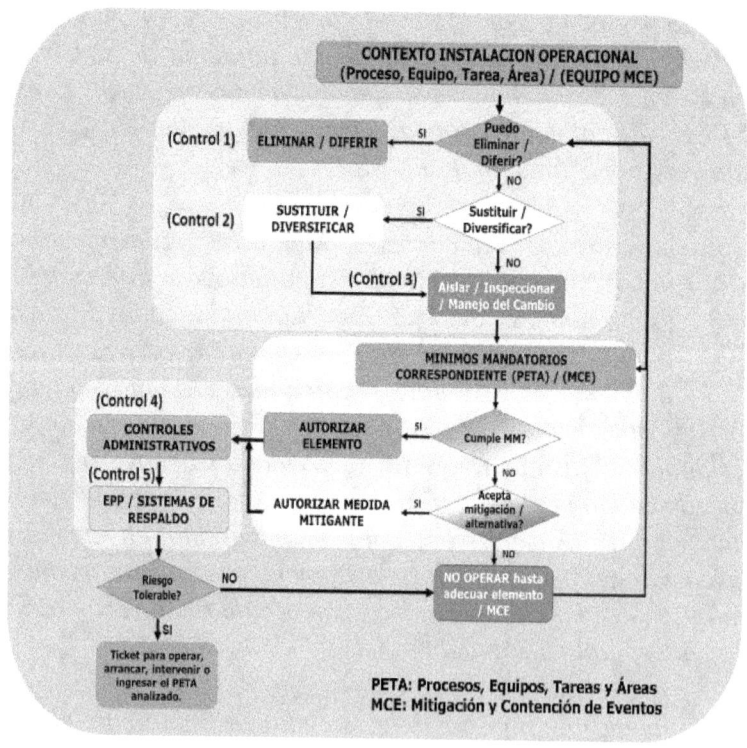

Figura 5.2 Estrategia de la situación

MARS APLICADO A CALIDAD, SALUD, SEGURIDAD Y AMBIENTE

1. El primer control es eliminar / diferir la fuente de peligro o riesgo. Por ejemplo, diferir el arranque de plantas y procesos por cuanto se pueden obtener productos por fuentes alternas; o simplemente no arrancar por razones de seguridad, como es el caso de no operar verticales de gas de levantamiento por disminución de espesor en zona de salpique. Si el análisis indica que el PETA puede seguir evaluándose, entonces se procede con el siguiente nivel en jerarquía.

2. El segundo control se refiere a sustituir o reemplazar la fuente de peligro o riesgo por otra. Por ejemplo, contratar equipos de transporte a empresas que disponen de equipos certificados, o preferir la inyección de vapor o agua, ante gas, para levantar la producción de crudo. Este nivel de control se reintegra al proceso y se analiza con el siguiente control.

3. El tercer control en jerarquía responde a aislar o bloquear la fuente de peligro o riesgo mediante métodos mecánicos y físicos. Por ejemplo, instalación de discos ciegos, bloqueos de válvulas, acordonamiento de áreas, bloqueo y etiquetado, entre otros medios. Es importante destacar que, en este punto, solo puede ingresar a esa área el "dueño del PETA" correspondiente.

4. Luego del control anterior, es cuando se inicia el riguroso y no negociable aplicación de los protocolos de mínimos mandatorios del PETA correspondiente. Recordemos que, en el plan táctico de emergencia, están definidos unos mínimos mandatorios que van desde aspectos legales hasta la necesidad de contar con sistemas de protección intrínseca, agregada, procedimental, organizacional y de diseño. Mencionemos solo algunos ejemplos:

- *Toda instalación o proceso se operará solo cuando se asegure la disponibilidad y confiabilidad del sistema de protección contra incendios.*
- *Los trabajos en calientes están prohibidos en áreas clasificadas.*
- *Los vehículos de transporte deben cumplir con la guía de despacho donde se satisfagan los requisitos de seguridad.*
- *El personal solo accederá a un área restringida cuando tenga la* **certificación** *para ingresar a la misma.*

Si un mínimo mandatorio responde a una medida mitigante (acción que se toma para contrarrestar los efectos negativos de una desviación en un requisito mínimo mandatorio y asegurar la continuidad de operaciones de manera responsable y legal), se puede permitir la intervención del PETA correspondiente, solo si se obtiene la aprobación de la autoridad que tenga jurisdicción y ratifique la pertinencia de las medidas mitigantes expuestas. Por ejemplo, una medida mitigante aplicable en el sistema de protección contra incendios debe tener el visto bueno de la unidad de prevención y control de incendios.

5. Luego de aprobar los protocolos de mínimos mandatorios o autorizar las medidas mitigantes (según sea el caso), se exigirá la aplicación de controles administrativos, tales como la aplicación de prácticas de trabajo seguro, validación de certificaciones respectivas, planes de emergencias y contingencias, vigencia de pruebas mecánicas, etiquetar, probar e intervenir.

6. Finalmente, se debe asegurar que el personal (el estrictamente requerido) cuente con el equipo de protección identificado, según los riesgos asociados al PETA.

7. Si todo marcha según los criterios de jerarquía de riesgos y mínimos mandatorios, se emite la autorización para operar, arrancar, intervenir o acceder a trabajar en el PETA correspondiente.

En este caso, la referencia es: "*Las estrategias en cualquier contexto se basan en enfoques que transforman la forma en que se logran los resultados, sin menoscabar los valores fundamentales*"

5.3   Las características de las estrategias.

Las **características** de las estrategias de la situación se derivan del grado de desviación presente en el proceso medular con respecto a la estrategia identificada para avanzar hacia el posicionamiento de un negocio sostenible. Con el propósito de evaluar la condición global de una situación, podemos categorizarla (en este caso) como Cumple (**S**), Condicionado (**C**), o No Cumple (**N**).

En este contexto, podemos examinar el ejercicio liderado por **Khala**, quien inicia explicando que; *después de implementar diversos grupos de trabajo y someter los procesos a los protocolos implicados en la estrategia*

mencionada en 5.2, se obtuvo un resultado representado en la figura 5.3.

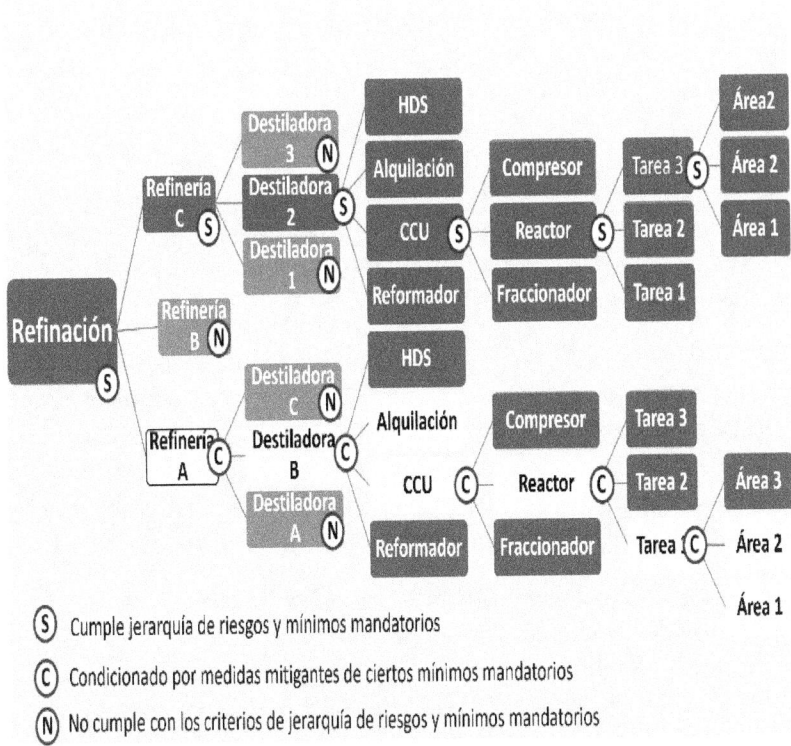

Ⓢ Cumple jerarquía de riesgos y mínimos mandatorios

Ⓒ Condicionado por medidas mitigantes de ciertos mínimos mandatorios

Ⓝ No cumple con los criterios de jerarquía de riesgos y mínimos mandatorios

Figura 5.3 Caracterización de la estrategia

La caracterización de este proceso se puede resumir de la siguiente manera:

a. Desde el día "D", se reconoce el alto valor agregado que representa la función de refinación y sus componentes medulares para el posicionamiento de un negocio sostenible, especialmente para encarar la situación No. 1 del contexto. Un análisis de sensibilidad sugiere que la demanda de consumo interno de combustible puede satisfacerse de diversas maneras, incluida la alternativa de importación como transición, y la puesta en operación de refinerías según el resultado del proceso detallado en 5.2 (frontera de alternativas).

b. La Refinería C en alguna de sus plantas cumple con los criterios para operar dentro de los parámetros establecidos en el plan táctico de emergencia. Por lo tanto, podemos validar su aporte de esfuerzo propio (frontera de grupos estratégicos).

c. La Refinería B, definitivamente, presenta desviaciones relevantes en la integridad de sus principales procesos y equipos. Por ahora, se mantiene preservada y será sometida a revisiones más exhaustivas para determinar su viabilidad desde el punto de vista costo-beneficio (frontera de clientes que sean más rentables poner en operación).

d. La Refinería A y sus procesos aguas abajo requieren aprobación por parte de las autoridades responsables de las medidas mitigantes de la cadena operacional (hay que validar la realidad de este caso dentro de la frontera de orientación).

e. En cuanto a la caracterización, se continúa con la certificación del recurso humano en sus distintos roles y responsabilidades, asegurando que posean las capacidades necesarias para operar las plantas, procesos y equipos soportados por la estrategia, según a, b, y c (obtener pase de entrada dentro de la frontera de suplementos para poder procesar, operar, intervenir o ingresar a un área).

f. Se focalizará de inmediato en aquellas instalaciones y procesos que, de forma holística, cumplen con la estrategia, se adaptan al criterio costo-beneficio y ofrecen un mayor aporte a la transición de las situaciones identificadas en 5.1 (frontera de tendencias).

Este mismo ejercicio se replica en los procesos, equipos, tareas y áreas de los otros negocios; de manera que al final obtengamos una cobertura completa de la caracterización de las situaciones en todas las áreas y continuemos de manera sostenida hacia el posicionamiento estructural que hemos declarado insistentemente.

Khala concluye destacando: *"Las características de una situación definen su circunstancia"*

5.4 Realidad de la circunstancia.

La **realidad** de una situación, formulada por **Jhuan** dentro del habilitador SECRETO, determinará el caso de estudio sujeto a evaluación, tratamiento e implantación de las oportunidades necesarias para alcanzar la propuesta DIAMANTE. En este paso crucial, menciona que: *es esencial reconocer que las características de la situación; requiere* *una intervención detallada, análisis preciso y mayor profundidad para identificar y conquistar los cambios necesarios.*

Jhuan, respaldado por **Marhy**, destaca que; *la profundidad del estudio dependerá de la brecha entre lo existente y lo esperado para cada atributo, ya sea como contribución individual en el elemento o como parte colectiva en la cadena de valor. En líneas generales, implica validar el caso de estudio con las exigencias integrales del MARS para garantizar que las características de cada sistema, relacionadas con el contexto, así como las interacciones desarrolladas y resultantes, respondan a las especificaciones de negocio sostenible y resiliente.*

Basándonos en los elementos estudiados por el equipo de refinación, parece evidente que se pueden levantar casos de estudios para las refinerías C y A. En la primera para asegurar que su única planta de destilación operativa se sostenga y la segunda asegurar las medidas mitigantes para llevar a su estándar de funcionamiento y progresivamente recuperar el resto de las unidades. La oferta de servicio medular dentro de la cadena de valor de CSSA que puede contribuir a verificar esas condiciones, es a través del proceso de identificación de peligros y análisis de riesgos, ya que este desencadena un esfuerzo significativo aguas abajo en lo que respecta al resto de las ofertas de servicios. Por ende, al definir el caso de estudio de la situación bajo análisis, comenzaremos por este proceso, asegurando los siguientes aspectos:

a. Reconocimiento de la metodología de Identificación de Peligros y Análisis de Riesgos como la oferta de servicio clave en la cadena de valor de CSSA. Solo así podemos comprometernos con la solución exitosa de la situación y condiciones previamente analizados.

b. Garantizar que los actores involucrados cumplan estrictamente con los roles y responsabilidades que les corresponden dentro del proceso, asegurando un compromiso responsable a todos los niveles y manteniendo la disciplina operacional, que en estos momentos puede estar comprometida y tener un impacto negativo en los resultados esperados.

c. Realizar evaluación, certificación y validación, especialmente para aquellos procesos, equipos, tareas o áreas con riesgo inicial extremo según el criterio de tolerabilidad aprobado.

d. Avanzar en la implementación del sistema de gestión de manera uniforme en los negocios y unidades funcionales, alineado con sus necesidades y realidades individuales.
e. Presentar los avances en cada uno de los comités habilitados para tal fin de manera uniforme, consolidando progresos desde la base hasta el área corporativa.

Jhuan concluye con una reflexión significativa: *"Cuando una circunstancia es favorable para la parte interesada, esa realidad es fácil de reconocer y aceptar; no ocurre así con otras circunstancias, aun cuando las oportunidades sean evidentes"*.

5.5 Evaluación del caso de estudio.

Una vez definido y reconocido el **caso de estudio** bajo el esquema de SECRETO, **Zophy**, expresó que; *es necesario identificar realmente dónde se encuentra este (línea base) y la brecha respecto a la referencia.*

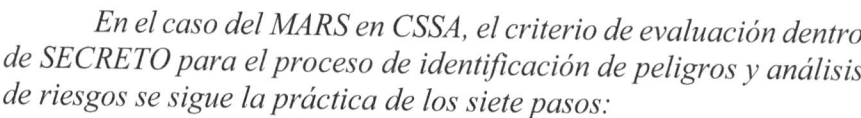

Con el apoyo de **Marty**, Zophy continuó manifestando que: *es preciso entender que se pueden identificar distintas formas de evaluar las situaciones, procesos medulares y atributos referenciales. Todo dependerá de las características del contexto y sus elementos con los estándares relacionados a los mismos.*

En el caso del MARS en CSSA, el criterio de evaluación dentro de SECRETO para el proceso de identificación de peligros y análisis de riesgos se sigue la práctica de los siete pasos:

1. *Identifique los peligros y riesgos asociados a PETA.*
2. *Determine el nivel de exposición de los agentes involucrados.*
3. *Calcule el nivel de riesgo inicial (IRR).*
4. *Implante las medidas de control siguiendo el criterio de jerarquización de controles.*
5. *Determine el nivel de riesgo residual.*
6. *Realice tratamiento de los riesgos (Remover, Reubicar, Reducir, Reconocer).*
7. *Haga los ajustes desde el punto de vista costo – beneficio.*

En el caso de estudio de la refinería A valorado utilizando la identificación de peligros y análisis de riesgos, se determinó que se debe realizar parada para intervenir el reactor de la planta de craqueo catalítico en las áreas 1 y 2, de manera que se pueda procesar las corrientes de la destiladora B (la autoridad que valida la medida mitigante es la gerencia de ingeniería de procesos).

Zophy, con su enfoque incisivo, su determinación asertiva y su entusiasmo contagioso, subrayó un principio fundamental: *"La sostenibilidad en los negocios exige alineación constante con la promesa de valor y el compromiso. La disciplina y el enfoque son esenciales en ese camino. Si no encuentras esa alineación, tu responsabilidad es gestionar la oportunidad donde se encuentre, construyendo así un camino más sólido hacia el éxito sostenible".*

5.6   Tratamiento de las opciones.

Una vez evaluado el caso de estudio, que debe ser continuado bajo el esquema de SECRETO, es necesario **tratar las opciones** para cerrar la brecha respecto a la referencia.

En esta ocasión, **Phipe**, con el soporte de **Marhy**, refleja que;

el tratamiento de opciones es la resultante de aplicar medidas complementarias que mejoren la cadena de valor con respecto a los atributos referenciales de la situación. Esto conlleva a cerrar brechas y a alcanzar un mejor posicionamiento del contexto bajo análisis. En la oferta de servicio que hemos estado aplicando, sería el esfuerzo adicional que se debe hacer en el proceso de identificación de peligros y análisis de riesgos dentro de las funciones de CSSA a contribuir con el posicionamiento de ASPEC.

Dentro del MARS en CSSA, el tratamiento de las opciones se basaría en estrategias (RRRR) de remoción, reubicación, reducción y reconocimiento de riesgos. En el caso de estudio de la situación de la refinería A que el equipo de Khala está validando, se incorporan medidas de control dirigidas a:

*1. **Opciones para la eliminación y sustitución:** Aquellas orientadas a la remoción o reubicación de los peligros y riesgos que conlleven a niveles de riesgos residuales bajos o moderados. Tienen mayor influencia en la probabilidad de que ocurra un evento no deseado. Por ejemplo, la instrucción de prohibición de trabajos en calientes en plantas en operación es un mínimo mandatorio.*

2. Opciones para la prevención, control y recuperación: Caracterizadas por la aplicación de controles de ingeniería o administrativos para reducir y mantener niveles de riesgos a valores tolerables. Trabajan tanto para reducir la probabilidad como la consecuencia que puede provocar. Algunos ejemplos que se ajustan al caso de estudio que venimos analizando:

a. Aplicación del criterio de mínima exposición de procesos en operación.
b. Solo uso de equipos estrictamente necesarios.
c. Ingresar únicamente personal rigurosamente imprescindible en la intervención.
d. Aprobar tareas de intervención operacional o mantenimiento reducidas a las esenciales.
e. Totalidad de áreas controladas y restringido su acceso.
f. Permitir solo personal certificado en prácticas de trabajo seguro.
g. Aplicar procedimientos operacionales aprobados por la autoridad en la materia.
h. Usar facilidades y herramientas de servicios certificadas.
i. Observar variables ambientales y comportamientos para reforzar las operaciones, equipos o tareas, o suspenderlas de inmediato en caso de alguna desviación que lo amerite.

3. Opciones para la mitigación de daños: Aquellas que actúan aguas abajo y tienen mayor incidencia en las consecuencias en caso de que ocurra un evento no deseado. Reconocen que todavía hay un nivel de riesgo en el cual se debe estar preparado. Por ejemplo, tener listos y disponibles los procedimientos de emergencia, uso de equipos de protección personal, implantación de medidas alternas que mitiguen las consecuencias o mejoren los tiempos de respuesta en un evento.

En la evaluación de CSSA, Phipe, con su enfoque proactivo y perspicaz, manifiesta: *"Explora todas las opciones para lograr lo máximo o lo mínimo, adaptándote a las circunstancias, y así podrás forjar un camino hacia el mejor resultado de un negocio sostenible, donde la excelencia y la responsabilidad son los pilares de nuestro éxito".*

5.7 Oportunidades para enfrentar la situación.

Una vez realizado el tratamiento de las opciones, todo el equipo operativo bajo la dirección de **Khala** y la inclusión de Stuart, un destacado empleado directamente responsable por realizar intervenciones operacionales y mantenimiento; se trabaja en la validación de las **oportunidades** para alcanzar el posicionamiento de ASPEC.

Sobre el particular, coinciden en que; *los análisis y aprobaciones sobre la aplicación de SECRETO en la cadena de valor y la oferta de servicio que venimos analizando se fundamentan en medir:*

a. El cumplimiento de la estrategia al evidenciar satisfacer los valores centrales de ASPEC definidos en 2.3, con transparencia y coherencia.

b. Una cultura organizacional arraigada en la interdependencia, donde los componentes operativos de ASPEC estén congruentemente conectados, eficientemente optimicen los recursos y procesos para minimizar el desperdicio, maximizar el impacto positivo en el entorno y la consistencia en la implementación de prácticas que sean sostenibles a lo largo del tiempo.

c. El grado de correlación efectiva entre la alineación estratégica y la ejecución operativa, de manera que los valores y objetivos de ASPEC se traduzcan en resultados concretos y medibles que demuestren un compromiso genuino con el negocio sostenible.

d. La pasión que impulsa la visión y la misión, infundiendo a cada colaborador con un compromiso profundo y una motivación intrínseca para avanzar en esa dirección.

e. El esfuerzo incansable de acciones concretas que permiten la materialización de prácticas, la adaptación constante a desafíos cambiantes y la perseverancia a lo largo del tiempo.

f. El mantenimiento y permanencia, asegurando que la cadena de valor sea sostenible en el tiempo y alcance la madurez necesaria para pensar en introducir cambios o especificaciones más retadoras. No obstante, es recomendable realizar una evaluación anual de la manera como se está desarrollando la cadena de valor.

g. *El ajuste de los sistemas e interacciones del MARS en CSSA para que resulte sencillo hacer foco en las necesidades que exige el modelo dentro de ASPEC.*

h. *La forma documental donde se explique conceptualmente el paso a paso de la oferta de servicio dentro de la cadena de valor que más contribuya con el posicionamiento de negocio sostenible.*

i. *El cumplimiento de los requerimientos legales en CSSA e induce a que los usuarios involucrados en las ofertas de servicio también los cumplan.*

j. *La aplicación de habilitadores tecnológicos para asegurar alineación y desempeño.*

Cuando se satisfacen las oportunidades listadas, se refuerza el cumplimiento de los factores críticos de éxito: promesa, compromiso, foco, disciplina, alineación y desempeño.

El grupo concluyó con la siguiente referencia: *"Valida los resultados en CSSA con acciones para asegurar el éxito".*

5.8 Resumen capítulo V.

En este capítulo, se destaca la importancia del sistema de gestión en el enfoque de CSSA dentro del modelo de ASPEC. Entre los aspectos resaltantes tenemos:

69. El liderazgo subraya que la gestión, complementa al resto de los sistemas para garantizar que; los resultados estén alineados con los objetivos, poner en marcha los servicios, y garantizar la ejecución disciplinada de roles y responsabilidades.

70. Detalla las responsabilidades del sistema de gestión, según el enfoque llamado "SECRETO". Este enfoque incluye adaptar un enfoque específico para CSSA, desarrollar una sólida descripción del posicionamiento de ASPEC, reconocer y priorizar procesos centrales, garantizar personal capacitado, asegurar interacciones efectivas, y comprometerse con la excelencia operativa.

71. Se identifican las tres situaciones para ser consideradas como caso de estudio;

a. El deterioro sistemático en CSSA,

b. Los desafíos de actualización de las energías emergentes, y

c. La necesidad de un cambio profundo en el plan de negocios.

72. En la estrategia de la situación, se enfatiza la necesidad de estrategias integradas en la cadena de valor de CSSA para encarar situaciones específicas. Se destaca la importancia de una cultura preventiva y ejemplos de corporaciones exitosas en este enfoque.
73. En las características de las estrategias se analiza la evaluación de las situaciones.
74. Se presenta un ejercicio de evaluación en el negocio de refinación de crudo, identificando cumplimientos y desviaciones en diversos procesos.
75. En la realidad de la circunstancia se destaca la importancia de la profundidad del estudio y la intervención detallada en situaciones específicas.
76. Se inicia el caso de estudio tomando la oferta de servicio del proceso de identificación de peligros y análisis de riesgos, fundamental en la cadena de valor de CSSA.
77. Se enfatizan estrategias de remoción, reubicación, reducción y reconocimiento de riesgos.
78. En las oportunidades para enfrentar la situación se subraya la importancia de medir el cumplimiento de la estrategia, la cultura organizacional, la alineación estratégica y la ejecución operativa, entre otros.

Todos estos aspectos son resumidos en seis (6) hitos a lograr en el sistema gestión en CSSA:

A. Reconocimiento operativo de la situación de deterioro y desafíos en CSSA.
B. Necesidad de estrategias integradas con la cadena de valor de CSSA.
C. Evaluación de situaciones usando criterios propios.
D. Énfasis en la profundidad del estudio y la intervención detallada.
E. Gestión de identificación de peligros y análisis de riesgos en PETA
F. Medidas complementarias para transformación integral y consolidación de un enfoque sostenible.

Capítulo VI
Las Interacciones en CSSA

"Cuando varios sistemas interactúan, el resultado que se obtiene es la característica común de todos ellos."

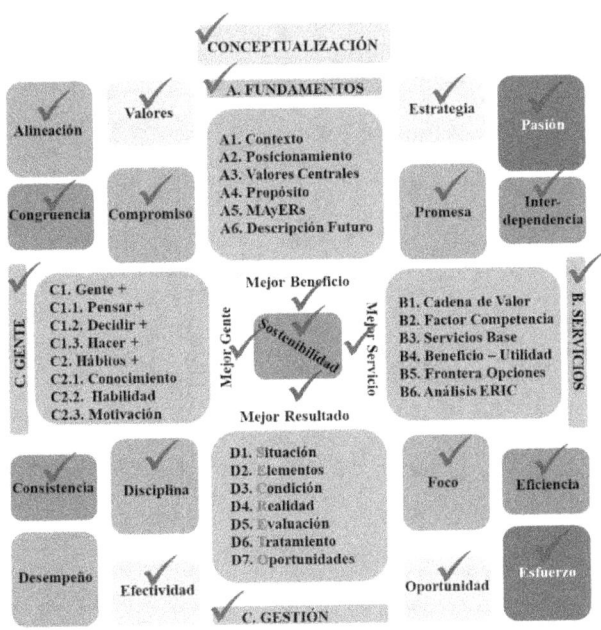

Contenido
- ✓ *La energía central*
- ✓ *La energía de los factores críticos de éxito*
- ✓ *La energía de calidad*
- ✓ *La energía de cultura*
- ✓ *La energía perimetral*
- ✓ *La sostenibilidad*
- ✓ *Resumen Capítulo VI*

6. Interacciones en CSSA.

En el marco de las responsabilidades en CSSA, Manny afirmó que; *para asegurar la sostenibilidad y resiliencia de ASPEC, se propone la interacción holística de los cuatro sistemas del modelo que conduzca a la identificación de factores críticos de éxito para lograr el posicionamiento del negocio. La combinación de estos factores da como resultado atributos que detallan las diversas formas de energía, evaluando así el progreso sostenido del MARS en CSSA.*

En este caso el aporte cuantitativo se calcula como la suma ponderada de las contribuciones de cada sistema; por lo tanto, la medida de energía generada por estos se obtiene sumando sus valores ponderados, siendo el máximo **(11+8+32+29+20) = 100.**

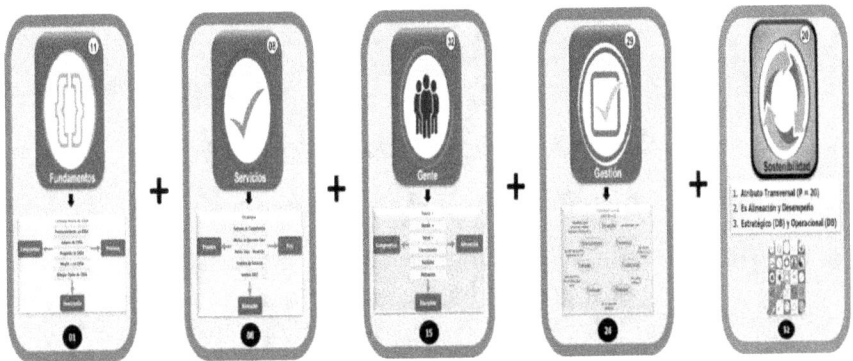

Figura 6 Energía de Sistemas en CSSA

En las secciones siguientes, exploraremos cómo estos factores críticos y sus atributos desempeñan un papel fundamental en la creación de lo que denominamos 'las fuentes de energía'.

Abordaremos las situaciones identificadas en el ejercicio realizado por el grupo táctico-operativo, bajo el liderazgo de Kiker y Mauro.

Toda esta información se convierte en un conjunto valioso de datos crucial para ASPEC en el contexto de CSSA y su contribución al establecimiento de un negocio sostenible y resiliente.

6.1 La energía central.

La **energía central** dentro del MARS comentó **Manny**; *se obtiene por la contribución de cuatros atributos centrales. Por tanto, una medida de energía resulta de sumar los valores ponderados de estos, siendo el máximo valor de (13+14+26+27+20) = 100.*

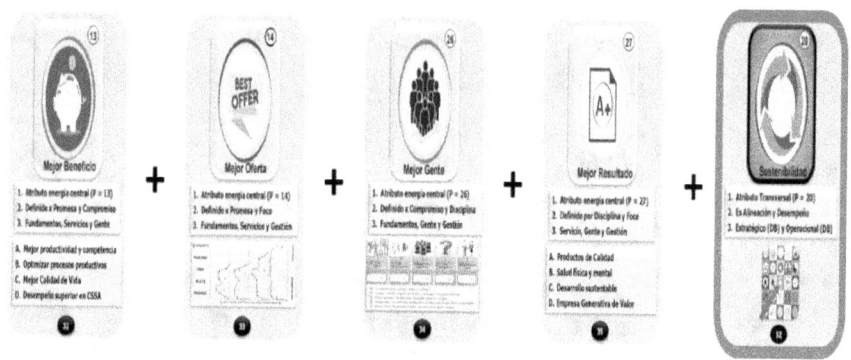

Figura 6.1 Energía Central en CSSA

6.1.1 El mejor beneficio: promesa y compromiso.

Manny continuó con su intervención desglosando cada uno de los atributos, y mencionando que; *el **mejor beneficio** que se busca al aplicar el MARS en CSSA, en un esfuerzo de ASPEC por revertir un deterioro sostenido, avanzar hacia las energías emergentes y lograr el posicionamiento final; es la transformación integral y lograr la promesa de valor y el compromiso responsable, lo que equivale a la interacción armoniosa de los fundamentos, los servicios y las personas en su máximo potencial y requerimiento.*

El MARS aplicado en estas situaciones actuales permitirá que ASPEC se transforme en una entidad que:
1. Se adapta a los cambios en el mercado de energía, y contribuye positivamente a la mitigación de los impactos ambientales y sociales relacionados con la industria de los hidrocarburos.
2. Aprovecha energías emergentes para diversificar sus operaciones, reducir la dependencia de los recursos no renovables y abrazar

oportunidades de crecimiento en áreas como las energías renovables y la tecnología sostenible.

3. Adopte prácticas de negocio sostenibles y resilientes para enfrentar mejor los desafíos futuros, incluyendo crisis económicas, fluctuaciones en los precios del petróleo y las cambiantes expectativas del mercado.

4. Construye una reputación sólida y confianza de los inversores, las comunidades y los reguladores al demostrar su compromiso con la sostenibilidad y la responsabilidad empresarial, lo que a su vez podría llevar a nuevas oportunidades de inversión y colaboración.

El mejor beneficio al que apuntamos alcanzar al aplicar el MARS en CSSA en ASPEC, se traduce en un futuro más prometedor, una mayor estabilidad en tiempos de incertidumbre y una reputación sólida que atraerá oportunidades clave para el crecimiento y el éxito continuo. Este beneficio tiene un peso de **13/100**.

6.1.2 La mejor oferta de servicio: promesa y foco.

Cuando **Josep** presentó la **oferta de servicio** más destacada, resaltó la posibilidad de que esta se orientara hacia la implementación de la identificación de peligros y el análisis de riesgos en toda la cadena de valor de CSSA. En detalle, expresó que este atributo implica:

1. La cobertura completa de los procesos, equipos, tareas y áreas en cada uno de los negocios (nada debe quedar por fuera).

2. La aplicación de criterios rigurosos de jerarquía de riesgos para priorizar y concentrarse en los riesgos más críticos y urgentes.

3. La creación de estrategias específicas para afrontar los riesgos prioritarios, que incluyen medidas preventivas, correctivas y de contingencia.

4. La adopción de un enfoque continuo de evaluación de riesgos para adaptarse a los cambios en el entorno y a nuevas amenazas emergentes.

5. La capacitación y concientización del personal sobre los riesgos identificados y las medidas de seguridad y mitigación.

6. La garantía de cumplimiento de todas las regulaciones y estándares de seguridad y medio ambiente aplicables.

7. La preparación y respuesta efectiva a situaciones de crisis, que incluyen planes de contingencia y de recuperación.

El servicio líder en CSSA dentro de ASPEC tiene un peso significativo del **14/100**.

6.1.3 La mejor gente: compromiso y disciplina.

Vikto enfatizó que; *contar con el **mejor equipo** en el contexto del MARS implica tener un grupo altamente comprometido y disciplinado. Este equipo trabaja proactivamente para revertir el deterioro sostenido actual, avanzar hacia las energías emergentes y lograr el posicionamiento de un negocio sostenible y resiliente.*

Un líder MARS se destaca por ser una persona con buenos hábitos, desempeñando su rol con la disciplina necesaria para realizar su trabajo de manera excepcional. Su capacidad para analizar, elegir lo correcto y promover la mejora continua en todas las facetas de CSSA es esencial para lograr la transformación y sostenibilidad en ASPEC. Este liderazgo es clave para la identificación de peligros y análisis de riesgos en procesos, equipos, tareas y áreas, alineándose con la estrategia definida para la restauración de los procesos medulares de ASPEC.

Los líderes MARS en CSSA, desde este servidor hasta Stuar, son sinónimos de compromiso para superar desafíos y comprender la responsabilidad de generar resultados alineados con las necesidades actuales. Todos modelamos consistencia en la aplicación disciplinada de las mejores prácticas y promovemos activamente lo que hacemos. Nos esforzamos por ser ejemplos de alineación y comunicación asertiva. Les pido que dentro de ASPEC **formemos más Stuar y nos distanciemos de los Tchea**.

La mejor gente es una parte vital de la ecuación, con un peso relativo significativo de **26/100**, asegurando el éxito del MARS aplicado a las situaciones actuales en CSSA dentro de ASPEC.

6.1.4 El mejor resultado: foco y disciplina.

Josep vuelve a intervenir, presentando su visión del mejor resultado en la dirección de nuevos desarrollos. Acá indica que: *este atributo se diferencia de los sistemas de gestión tradicionales al centrarse en garantizar que el MARS en CSSA funcione sin desviaciones y, al mismo tiempo, bajo un proceso continuo de mejora.*

El mejor resultado atiende a las necesidades de ASPEC en diversas situaciones, siendo un reflejo del mejor beneficio para lograr posicionar a la empresa. Se asegura, el cumplimiento de los objetivos establecidos por los sistemas del MARS, especialmente en lo que respecta a las características tanto duras como blandas del modelo.

La mejora continua dentro del MARS se lleva a cabo al identificar peligros y riesgos en los procesos, equipos, tareas y áreas, aplicando los mandatorios establecidos y evaluando las oportunidades. En este proceso, se destacan los límites y se consolidan las actividades con potencial de aportar un mayor valor en la relación costo - beneficio. El uso de la metodología SECRETO se presenta como la mejor alternativa para respaldar la obtención del óptimo rendimiento.

Este atributo recibe una ponderación relativa de ***27/100****, subrayando su importancia en la consecución de los objetivos y el éxito sostenido de ASPEC en un entorno en constante cambio.*

6.2 La energía de los factores críticos de éxito.

En la reunión ampliada, **Grila** destacó que; *la energía dentro del MARS se genera a partir de cuatro atributos relacionados con los* ***factores críticos de éxito****. La medida de energía resulta de sumar los valores de estos, con un máximo esperado de **(12+19+21+28+20) = 100**.*

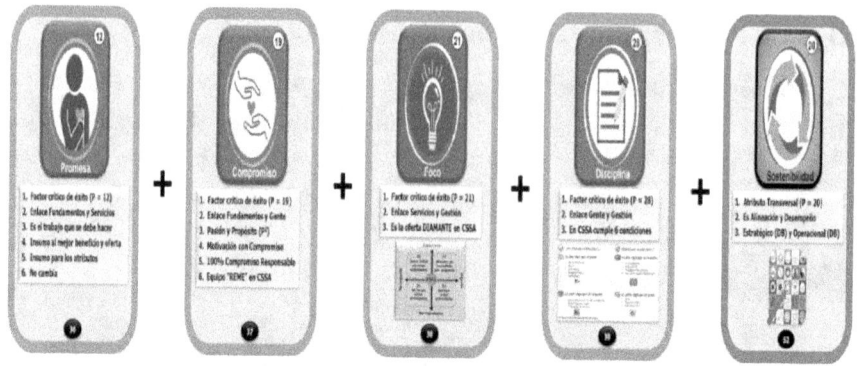

Figura 6.2 Energía factores críticos de éxito en CSSA

6.2.1 La promesa como factor clave de éxito en CSSA.

Grila continuó delineando el concepto fundamental de la **promesa** de valor en CSSA, definiéndola como; *el conjunto de esfuerzos destinados a obtener un valor resultante, tanto cualitativo como cuantitativo, en las funciones críticas de CSSA. Este concepto de trabajo abarca actividades como producir, formar, crear, concebir e inventar, entre otras, con el objetivo de avanzar desde una condición de línea base hasta el estado deseado o final.*

En ASPEC, la declaración de nuestra promesa de valor se centra en **el desarrollo de una oferta de servicio destinada a revertir los daños y desviaciones actuales en materia de CSSA, marcando así el comienzo del camino hacia el posicionamiento sostenible de la empresa,** *honrando así la implementación efectiva de estrategias para plantear nuestras necesidades de manera transparente*

El valor atribuido al cumplimiento de esta promesa tiene un peso relativo es de **12/100**.

6.2.2 El compromiso como factor clave de éxito en CSSA.

Grila profundizó en el vínculo crucial entre los fundamentos y la gente del MARS en CSSA, resaltando el factor crítico de éxito denominado **compromiso responsable**. *En ASPEC, nos comprometemos a elegir de manera ética y responsable siempre lo correcto, asegurando que todas nuestras acciones estén perfectamente* *alineadas con nuestros valores centrales, y que cada miembro del personal sirva como modelo en sus respectivos roles y responsabilidades dentro de la empresa. Este compromiso implica elevar la necesidad de convertir lo prometido en realidad dentro de los lapsos acordados, independientemente de los cambios que puedan surgir y las circunstancias que nos han llevado a este estado.*

En términos generales, el compromiso responsable en CSSA, dentro del rol ejercido en ASPEC, se alcanza cuando la persona satisface cuatro condiciones fundamentales:

1. ***Aceptar al 100% la responsabilidad de CSSA**: Esta es una variable esencial para cultivar actitudes positivas en el modelo. Por ejemplo, tanto Marhy como Marty en las circunstanciales actuales, deben ejecutar el principio de "check & balance" de manera impecable para lograr una alineación uniforme y congruente en ASPEC.*
2. ***Demostrar la elección constante de lo correcto:** Esto es sinónimo de confianza, transparencia y credibilidad. Empleados como Kiker y Mauro, al ejecutar sus tareas cumpliendo con todas las prácticas y normas, se convierten en referentes y ganan adeptos como estrategia clave en la implementación de cambios.*
3. ***Ser un modelo seguido por otros:** Esta es una característica del líder para una mejor contribución dentro del MARS en CSSA. Líderes como Erika, Dayan y Grego, al actuar como modelos, solo necesitan complementar su accionar con conductas habituales positivas para pertenecer al selecto grupo de "mejor gente".*
4. ***Promover hábitos positivos:** Para ello se requiere conocimiento, habilidad y motivación para ser habitual en conductas positivas que califiquen. Por ejemplo, los directores (Mayhe, Josep, Khala, Patri y Louis) deben exhibir estos comportamientos para ser vistos como Embajadores de la cultura de negocio sostenible y resiliente.*

*El valor del compromiso tiene un peso sustancial en el modelo, alcanzando el **19/100**.*

6.2.3 El foco o prioridad como factor clave de éxito en CSSA.

Grego compartió su perspectiva, enfatizando que; *la oferta de servicio que requiere **atención prioritaria** es aquella que al cumplir con la cadena de valor (eliminar, sustituir, prevenir, observar, recuperar, mitigar, ajustar y reiniciar), ofrece el mejor aporte para evitar la ocurrencia de eventos no deseados.* En este contexto, el servicio de identificación de peligros y riesgos en los PETA, aplicado de manera integral a todos los negocios de ASPEC, destaca como el más impactante en la productividad de la empresa.

Es crucial recordar que, para la restauración de operaciones dentro del plan de emergencia, las estrategias identificadas en esta etapa se complementan con la aplicación de mínimos mandatorios. Posteriormente, se sigue el criterio establecido por los estándares y normativas dentro de la filosofía de la empresa.

En términos generales, el enfoque en CSSA, dentro del rol ejercido, se dirigirá hacia aquellas actividades que son importantes, pero no urgentes, ya que permiten una planificación más efectiva en comparación con otras. Sin embargo, también se reconoce la necesidad de encarar de inmediato las actividades que son urgentes e importantes, manteniendo la consciencia de que no todas impulsan el mejor servicio. En ocasiones, ciertas actividades se vuelven urgentes en un momento dado, aunque inicialmente no lo fueran, o no se tomó la acción adecuada a tiempo en actividades preventivas, como el aislamiento de una fuente de peligro o riesgo.

El valor de enfocarse estratégicamente en la oferta de servicio del MARS en CSSA dentro de ASPEC tiene un peso significativo en el modelo, alcanzando el **21/100**.

6.2.4 La disciplina como factor clave de éxito en CSSA.

Grego continuó su exposición, resaltando la importancia de establecer hábitos operacionales positivos y eficientes en ASPEC. Subrayó que; *el personal en sus diversos roles y responsabilidades debe satisfacer con consistencia y efectividad los elementos de una ejecución impecable. Cuando cada individuo desempena sus tareas de manera precisa, en el lugar *correcto, de la manera adecuada, en el momento oportuno y cuantas veces sea necesario; se están sentando los cimientos para el éxito sostenible. En caso de que alguna de estas condiciones falle, el resultado estructural que estamos buscando no se logrará. Por lo tanto, es imperativo seguir trabajando en el liderazgo por influencia.*

En términos generales, manifestó que; *en ASPEC la disciplina operacional en CSSA, dentro del rol ejercido, surge como producto de los hábitos que todo líder debe exhibir. Es, por ende, un espejo que refleja el compromiso responsable en la parte estratégica de la organización.*

Lograr el objetivo dentro del MARS depende exclusivamente de la manera disciplinada en que cada individuo desempeña su rol dentro del contexto para llevar a cabo las responsabilidades y alcanzar los resultados esperados. "Ser disciplinado en la disciplina" se convierte en una premisa fundamental. Dentro del modelo, el factor clave de la disciplina se destaca como uno de los elementos más importantes, razón por la cual le otorgamos una ponderación de **28/100.**

6.3 La energía de calidad.

Grila compartió en la reunión ampliada que; *en ASPEC* **la energía de calidad** *dentro del MARS aplicado en CSSA se obtiene mediante la contribución del factor crítico de <u>desempeño</u>, el cual se extiende transversalmente desde lo estratégico hasta lo operativo. Este factor se fusiona con los cuatro elementos centrales: promesa, compromiso, foco y disciplina operacional, dando como resultado los atributos clave de; estrategia, validación de valores, oportunidad y efectividad.*

En términos prácticos, la medida de la energía de calidad en ASPEC se determina al sumar estos atributos, siendo la sostenibilidad un componente esencial. El valor máximo esperado es de **(30+17+23+10+20) = 100**, *indicando así la integral contribución de estos elementos a la calidad en el contexto del MARS.*

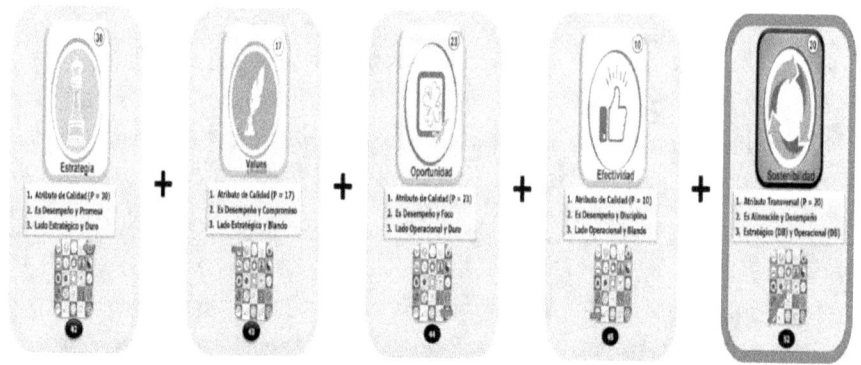

Figura 6.3 Energía de atributos de calidad en CSSA

6.3.1 La estrategia como atributo de calidad en CSSA.

Erika abrió su presentación destacando; *la estrategia es el primer atributo clave de ASPEC para acometer los asuntos de CSSA y consolidarse como un negocio sostenible y resiliente. En este contexto, delineó las características esenciales de la estrategia en ASPEC:*

1.   Se centra en metas y objetivos a largo plazo, trascendiendo las preocupaciones inmediatas. Esto facilita la planificación estratégica para mantener la sostenibilidad y resiliencia de la empresa.

2. Asegura que todas las acciones y decisiones estén alineadas con la misión y visión de la empresa, garantizando coherencia y propósito.

3. Considera los impactos políticos, económicos, sociales y tecnológicos para una dirección clara.

4. Incorpora la promesa de valor de identificar peligros y riesgos en los PETA, contribuyendo al posicionamiento final.

5. Permite a ASPEC adaptarse a un entorno dinámico y anticipar obstáculos para abordarlos efectivamente, esencial para la resiliencia empresarial.

6. Proporciona una base sólida para la toma de decisiones, respaldando las acciones con análisis estratégico y comprensión profunda de desafíos y oportunidades.

7. Considera la necesidad de ajustar y modificar acciones según las circunstancias cambiantes, permitiendo una respuesta ágil a los desafíos en CSSA.

Erika subrayó la importancia de la estrategia como atributo de calidad en ASPEC, asignándole un peso relativo significativo de **30/100**.

Para respaldar sus palabras, compartió la referencia del libro MARS que enfatiza: *"la mejor estrategia es definir la meta correcta"*.

6.3.2 Validar los valores como atributo de calidad en CSSA.

En el atributo de **validación de valores** en CSSA, **Erika** planteó la necesidad de consolidar los valores fundamentales de ASPEC como un atributo de energía de calidad. Para respaldar este enfoque subrayó; *algunas particularidades que deben evidenciarse de manera palpable son:*

1. Las personas deben demostrar un compromiso visible en sus roles, promoviendo los valores de la empresa, contribuyendo así a la integridad y ética en las operaciones de CSSA.
2. Asegura que acciones y decisiones estén en armonía con la misión y visión de ASPEC, fortaleciendo la coherencia operativa y el logro de objetivos estratégicos.
3. Cada miembro asume la responsabilidad de promover los valores y la calidad en los servicios de CSSA.
4. Se enfoca en promover una cultura de transparencia y ética en los negocios y procesos centrales de ASPEC, generando confianza entre accionistas y partes interesadas.
5. Contribuye a construir y mantener una cultura organizativa sólida, donde los valores son parte integral de la identidad de la empresa.
6. Fomenta la mejora continua en la aplicación de los valores, permitiendo a la empresa adaptarse eficazmente a los cambios y desafíos.
7. Promueve la colaboración y el trabajo en equipo al compartir un compromiso común.
8. Ayuda a la empresa a ser más resiliente, asegurando que los valores guíen en tiempos de cambio y adversidad.
9. Se traduce en la prestación de servicios de alta calidad en CSSA, ya que los valores orientan positivamente el servicio al cliente.

Erika manifestó que: *este atributo, esencial para el éxito de ASPEC en la gestión de asuntos de CSSA y su capacidad para* *mantenerse sostenible y resiliente, tiene un peso relativo significativo de **17/100**.*

6.3.3 La oportunidad como atributo de calidad en CSSA.

Mayhe destaca la importancia crucial del atributo de **oportunidades** como el tercer componente de calidad en el MARS, derivado de la combinación de factores críticos de éxito relacionados con el foco o prioridad y el desempeño. En el contexto del posicionamiento como un negocio sostenible y resiliente señala que; *este atributo permite identificar y evaluar cómo se aprovechan las opciones para gestionar con éxito los riesgos, centrándose en servicios que generan un valor óptimo. Las características clave de este atributo son:*

1. Se basa en los resultados de la identificación de peligros y análisis de riesgos en los procesos, equipos, tareas y áreas, aplicando criterios jerárquicos y cumpliendo con mínimos mandatorios.

2. Impulsa la mejora constante en la identificación de peligros y análisis de riesgos, manteniendo a la empresa al tanto de las mejores prácticas y facilitando la adaptación a nuevas circunstancias para contribuir a la sostenibilidad del negocio.

3. Refuerza que todas las acciones y decisiones estén alineadas con la misión y visión de la empresa, proporcionando una dirección clara y un propósito compartido.

4. Implica la capacidad de adaptarse a cambios en el entorno de CSSA y anticipar oportunidades emergentes para el negocio.

5. Fomenta una cultura proactiva en la gestión de riesgos, previniendo problemas antes de que ocurran y minimizando su impacto.

6. Contribuye a la resiliencia al identificar lecciones aprendidas y afrontar riesgos potenciales, permitiendo que la empresa mantenga su capacidad de funcionar en situaciones adversas.

El alto rendimiento en este atributo indica un aprovechamiento de las circunstancias externas, mientras que un resultado por debajo de lo esperado sugiere áreas pendientes en la administración de prioridades y atención a las ofertas dentro de la cadena de valor. El aprovechamiento de oportunidades es vital para el éxito de ASPEC en la gestión de asuntos de CSSA y su capacidad *para mantenerse sostenible y resiliente en un entorno empresarial en constante cambio. La ponderación relativa de las oportunidades dentro del modelo es de **(23/100)***

Aquí comparto la referencia del libro MARS acotó Mayhe; *"Los resultados te dirán dónde estás y cuáles son las oportunidades"*

6.3.4 La efectividad como atributo de calidad en CSSA.

Mayhe destaca la **efectividad** como el cuarto atributo esencial de calidad dentro del MARS en CSSA, resultado de la sinergia entre los factores críticos de éxito en la disciplina y el rendimiento organizacional. Menciona que; *al vincular este atributo con el posicionamiento de ASPEC, se puede discernir y evaluar la capacidad con la que se abordan los seis pilares de la disciplina operativa.*

La efectividad en CSSA se define por la aptitud para obtener resultados deseados con solidez y seguridad, entrelazándose hábilmente con la consistencia, otro pilar clave en la ecuación de la cultura organizacional. En el contexto del intercambio de rendimiento y la disciplina operativa, la efectividad va más allá de la ejecución diligente de tareas y actividades, dirigida hacia la consecución de resultados preestablecidos.

La adopción de los protocolos MARS emerge como el vehículo idóneo para fomentar un nivel de efectividad en el intercambio de rendimiento y la disciplina operativa. Su omisión, por otro lado, suscita la incertidumbre respecto a la consecución de los resultados o la posibilidad de una solución fundamentada en estructuras sólidas.

*En síntesis, la efectividad se erige como un faro guía que orienta la ejecución hacia resultados sobresalientes. Este atributo, tejido con destreza entre la disciplina operativa y el rendimiento, conduce a todo el equipo hacia la mejora continua. La ponderación relativa de la efectividad dentro del modelo es de **10/100**.*

Aquí comparto la referencia del libro MARS finalizó Mayhe con este atributo; *La optimización del efecto sobre la causa es la efectividad.*

6.4 La energía de cultura.

En la reunión ampliada del MARS, **Dayan** destaca que; *la energía de cultura dentro de este marco se obtiene gracias a la contribución del factor crítico de alineación, que transversalmente abarca lo estratégico y operativo con los cuatro factores centrales: promesa, compromiso, foco y disciplina operacional, dando como resultado una combinación única de atributos; interdependencia, congruencia, eficiencia y consistencia.*

En esta sinergia de elementos, la interdependencia promueve la colaboración, la congruencia asegura que las acciones estén alineadas con los valores y objetivos, la eficiencia se traduce en un uso óptimo de recursos y procesos, y la consistencia aporta estabilidad y confianza en las operaciones.

La medida de energía de cultura se define como la suma de estos atributos con la variable de sostenibilidad, con un máximo esperado de *(31+25+15+09+20) = 100.*

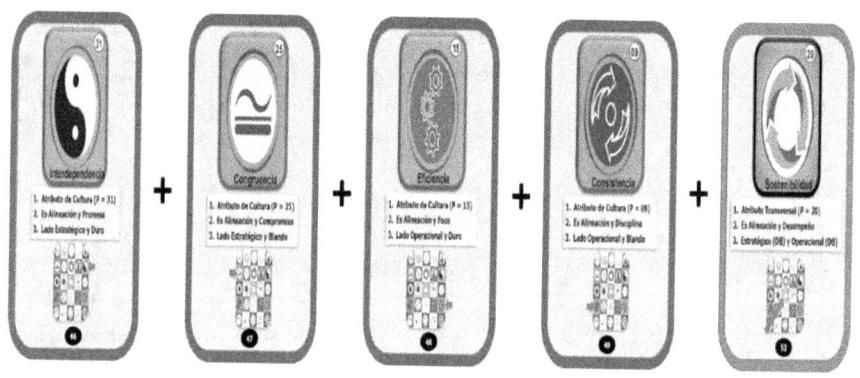

Figura 6.4 Energía de Atributos de Cultura en CSSA

6.4.1 La interdependencia como atributo de cultura en CSSA.

En el contexto del MARS en CSSA dentro de ASPEC, **Kiker** destaca que; *la **interdependencia** se erige como el primer atributo esencial de la cultura, resultado de la sinergia entre los factores críticos de éxito de la promesa de valor y la alineación de los sistemas intermedios.*

La cultura de interdependencia, crucial para alcanzar el posicionamiento de ASPEC, se caracteriza por:

1. Valora la interconexión e integración funcional de manera holística. Las acciones en CSSA tienen efectos comunes en diversas funciones, interviniendo en la identificación de peligros y riesgos y previniendo eventos adversos en diferentes áreas simultáneamente.
2. Busca implantar de manera visible y coordinada la oferta de servicios para identificar peligros y analizar riesgos en los PETA, asegurando que influyan positivamente en la cadena de valor de CSSA y se cumplan los mínimos mandatorios.
3. Fomenta la colaboración activa entre los departamentos responsables de CSSA, promoviendo el trabajo conjunto para abordar desafíos comunes y encontrar soluciones beneficiosas para todas las áreas.
4. Busca lograr el compromiso sólido de los líderes, quienes, de manera proactiva, demuestran el cumplimiento de los esenciales con decisiones, acciones y hechos concretos.
5. Proporciona formación adecuada a los empleados para que comprendan cómo sus roles individuales contribuyen a la gestión eficaz de CSSA, promoviendo la conciencia de la importancia de mantener altos estándares.
6. Insta a buscar constantemente oportunidades de generación de valor, incluyendo la adopción de mejores prácticas y la innovación en procesos y sistemas.

Gestionar estas dimensiones de manera holística y coordinada puede mejorar la reputación de ASPEC, reducir riesgos y promover la sostenibilidad a largo plazo. La ponderación relativa del atributo de Interdependencia dentro del modelo es de **31/100**.

Kiker finalizó la explicación de este atributo, con la referencia del libro MARS; *para lograr la interdependencia, primero debemos ser independientes.*

6.4.2 La congruencia como atributo de cultura en CSSA.

Dentro del MARS en CSSA, **Kiker** destaca que; *la congruencia se erige como el segundo atributo esencial de la cultura, resultado de la sinergia entre los factores críticos de éxito del compromiso y la alineación de los sistemas intermedios.*

La cultura de congruencia, esencial para lograr un posicionamiento de ASPEC en CSSA se caracteriza por:

1. *Aplicar las normativas y regulaciones relacionadas con la CSSA en sus PETA correspondiente.*
2. *Fomentar una comunicación abierta y transparente en los niveles de la organización. La información sobre aspectos relacionados con CSSA se comparte de manera clara y accesible para todos los empleados, desde la presidencia (Vikto) hasta el nivel operativo (Stuar).*
3. *Evidenciar que los valores y la misión de la organización están alineados con los principios de CSSA, buscando la sostenibilidad y respetando el medio ambiente y la salud y seguridad de las personas.*
4. *Demostrar una fuerte cultura donde los empleados se sienten responsables de su propio comportamiento y contribuyen al cumplimiento de los objetivos de CSSA de la empresa.*
5. *Promover la mejora continua en todas las áreas relacionadas con CSSA. La empresa busca constantemente formas de mejorar sus prácticas, reducir su impacto ambiental y garantizar altos estándares de calidad, salud y seguridad.*
6. *Propiciar la participación de las partes interesadas, como empleados, clientes, proveedores y comunidades locales, escuchando sus preocupaciones e integrándolas en la toma de decisiones relacionadas con CSSA.*

*Estas características aseguran que la empresa opere ética y efectivamente en todas las áreas, contribuyendo a su posicionamiento como un negocio sostenible y socialmente responsable. La ponderación relativa del atributo de congruencia dentro del modelo es de **25/100**.*

Aquí comparto la referencia del libro MARS finalizó Kiker como un recordatorio; *la autenticidad y la integridad son fundamentales en la forma en que las personas y las organizaciones son percibidas y valoradas. En el ser y parecer, los hechos son más fuertes de las palabras*

6.4.3 La eficiencia como atributo de cultura en CSSA.

Mauro detalló que; la *eficiencia* es el tercer atributo de cultura en el MARS en CSSA, resultado de la sinergia entre los factores críticos de éxito del foco y la alineación de los sistemas intermedios. Este atributo se distingue por:

1. Impulsar la búsqueda constante de formas para mejorar procesos, reducir costos y minimizar riesgos en CSSA.
2. Priorizar la identificación y gestión proactiva de riesgos, con evaluaciones regulares de peligros y medidas preventivas y correctivas efectivas.
3. Promover la formación continua para mantener a los empleados actualizados sobre las últimas mejores prácticas y regulaciones en áreas críticas.
4. Adoptar tecnología y enfoques innovadores para mejorar la eficiencia en CSSA, fomentando la investigación y desarrollo de soluciones tecnológicas.
5. Fomentar la responsabilidad individual y colectiva en la gestión de CSSA, con rendición de cuentas por acciones y decisiones que afecten la CSSA.
6. Hacer hincapié en la medición y seguimiento de indicadores clave de rendimiento relacionados con CSSA, destacando la importancia de recopilar datos precisos, analizar tendencias y comunicar resultados interna y externamente.

Estas características son esenciales para cultivar una cultura de eficiencia sólida, contribuyendo a un negocio sostenible y a la mejora constante en CSSA. La ponderación relativa del atributo de Eficiencia dentro del modelo es de **15/100**.

Mauro señaló que la referencia del libro MARS en este *atributo expresa*; "*Lo sobresaliente es hacer las tareas con excelencia y un propósito elevado*".

6.4.4 La consistencia como atributo de cultura en CSSA.

Mauro *destacó que la* **consistencia**, *como cuarto atributo, resulta de la sinergia entre los factores críticos de éxito de la disciplina y la alineación de los sistemas intermedios en la aplicación del MARS en CSSA dentro de ASPEC. Este atributo se caracteriza por:*

1. Garantiza la aplicación coherente de normativas y procedimientos en toda la organización y en todas las ubicaciones, evitando brechas en el cumplimiento de los estándares de CSSA.
2. Se compromete con el cumplimiento constante de todas las regulaciones y leyes relacionadas con la CSSA, respaldado por registros precisos y auditorías internas regulares.
3. Asegura la coherencia y transparencia en la comunicación interna y externa en CSSA, compartiendo información relevante de manera constante y precisa con empleados y partes interesadas.
4. Logra la estandarización de procesos en CSSA mediante la documentación y difusión de procedimientos conocidos por el personal, aplicándolos de manera uniforme en todas las operaciones.
5. Realiza un seguimiento regular del desempeño en CSSA, con la recopilación de datos, análisis de tendencias y toma de medidas correctivas para mantener la coherencia en los resultados.
6. Fomenta que los empleados comprendan su papel en la aplicación de políticas y procedimientos, manteniendo constancia en sus acciones y decisiones.

Estas características son fundamentales para fomentar una cultura de consistencia en CSSA, contribuyendo al posicionamiento de un negocio sostenible. La ponderación relativa del atributo de consistencia dentro del modelo es de **09/100**.

Mauro finalizó compartiendo la referencia del libro MARS *"La confianza se construye con consistencia"*

6.5 La energía perimetral.

La energía perimetral, focalizada en la reunión ampliada sobre el MARS en CSSA para ASPEC, se conforma a través de la amalgama estratégica de factores críticos centrales. Específicamente, la convergencia de la promesa con disciplina y el compromiso con foco genera dos formas esenciales de energía: la pasión y el esfuerzo. Esta fusión energética se combina con la alineación y el desempeño, completando así la energía perimetral o de borde, en la que también se integra el crucial factor de sostenibilidad.

1. La promesa respaldada por prácticas disciplinadas crea una conexión intrínseca, generando pasión entre los miembros de ASPEC, lo cual motiva a los individuos y equipos hacia objetivos comunes.

2. El compromiso con el enfoque preciso y la atención a actividades clave resulta en un esfuerzo conjunto fundamental para el éxito de ASPEC.

Estos dos componentes energéticos se combinan sinérgicamente con la alineación y el desempeño, reflejando la dedicación organizativa hacia la excelencia en CSSA. Además, esta energía perimetral se solidifica con el factor de sostenibilidad, asegurando que los esfuerzos estén arraigados en prácticas sostenibles a largo plazo.

La medida de energía perimetral, resultado de la suma ponderada de estos atributos, tiene un máximo esperado de **(18+22+24+16+20) = 100**

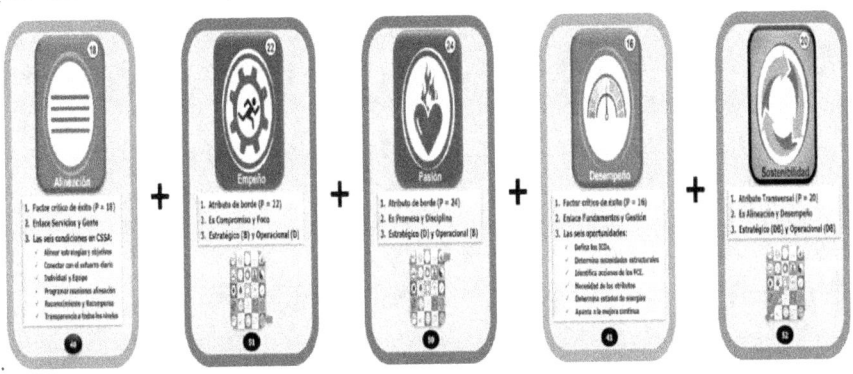

Figura 6.5 Energía Perimetral o de Borde en CSSA

6.5.1 La alineación como factor clave de éxito en CSSA.

Marty destaca la importancia de la **alineación** como un pilar fundamental para lograr un posicionamiento de negocio sostenible y resiliente en el contexto de CSSA dentro de ASPEC. Aquí manifestó que; *la cohesión interna se forja mediante la interacción de las ofertas de servicios con las funciones y responsabilidades del personal, garantizando que los esfuerzos converjan hacia metas comunes en el ámbito de CSSA.*

Marty subraya que; *los principios de la alineación del MARS aplicado a CSSA dentro de ASPEC son:*

1. Transparencia para evitar desviaciones de los criterios acordados. Se destaca el principio de "check & balance" como un mecanismo para detectar y corregir desviaciones, asegurando así la cohesión en la ejecución de las funciones.

2. La disciplina operacional se presenta como un complemento crucial para fortalecer la cohesión interna. Se sugiere que la combinación de alineación y disciplina operacional puede resultar en la aplicación de medidas disciplinarias cuando sea necesario, respaldando así la ejecución rigurosa de las prácticas operativas.

3. Dada la naturaleza dinámica de CSSA, se enfatiza la importancia de estar preparados para cambios constantes. La cohesión interna se logra mediante la adaptación y revisión constante de la estrategia de CSSA, orientándose hacia las necesidades del momento.

4. Definir y divulgar objetivos individuales y organizacionales es esencial para mantener la alineación. La estrategia pertinente para alcanzar beneficios en CSSA debe ser clara y comunicada eficazmente a todo el personal.

5. La cohesión interna se sustenta en el seguimiento constante de la estrategia de CSSA. Introducir cambios necesarios y evaluar indicadores clave de esfuerzos y resultados garantiza la adaptabilidad y mejora continua.

6. La definición y divulgación de sistemas de reconocimiento individual y global por objetivos alcanzados refuerzan la cohesión interna. El reconocimiento actúa como un incentivo positivo para mantener el compromiso y los esfuerzos alineados.

En el modelo MARS de ASPEC, el factor clave de alineación se destaca con un peso relativo de 18/100.

Marty cerró con la siguiente referencia citada en el libro MARS; *el éxito radica en que tan alineados están las partes".*

6.5.2 El desempeño como factor clave de éxito en CSSA.

Finalmente, **Marty** destaca que; *en ASPEC se emplea el* ***desempeño*** *como herramientas clave para evaluar el avance en CSSA. Este enfoque asegura que la organización esté encaminada hacia sus objetivos estratégicos y metas, contribuyendo al establecimiento de un negocio sostenible y resiliente.*

A través del factor crítico de éxito desempeño se sirve de insumo para desencadenar los siguientes atributos:

• *Se mide la sostenibilidad cuando se complementa con la alineación, garantizando que la organización adopte prácticas que aseguren la continuidad y resiliencia del negocio.*
• *Al combinarse con la promesa de valor, el desempeño facilita el seguimiento estratégico, asegurando que las acciones estén alineadas con la visión y promesa de valor de ASPEC en el ámbito de CSSA.*
• *Se ratifican el cumplimiento de valores cuando se complementa con el compromiso responsable, asegurando que la organización se adhiera a sus principios éticos y de responsabilidad social en todas las actividades relacionadas con CSSA.*
• *Se evidencia el soporte de las oportunidades al operar con foco del servicio, proporcionando un respaldo fundamental para identificar y capitalizar oportunidades en CSSA.*
• *Se manifiesta la efectividad al conjugarse con la disciplina operacional, contribuyendo a la efectividad organizacional mediante la ejecución diligente de tareas y actividades dentro de MARS en CSSA.*

El desempeño de ASPEC en CSSA a través del MARS se mide mediante el Índice de Cultura Global (ICG) para alcanzar un negocio sostenible y resiliente. Este indicador se determina con la ecuación: "ICG=1.25(11E+8S+32G+29R) /100", representando el nivel de cultura en los Esenciales (E), Servicios (S), Gente (G) y Resultados (R). Este enfoque permite:

- *Identificar indicadores clave de desempeño en CSSA relacionados con niveles de esenciales, esfuerzo, comportamientos y resultados.*
- *Determinar necesidades estructurales en CSSA, contribuyendo a identificar áreas de atención para conservar el rumbo sistémico.*
- *Dirigir acciones en cada factor clave para comprender el comportamiento holístico de los sistemas.*
- *Realizar un seguimiento constante y enfatizar en qué atributo del sistema se debe hacer mayor énfasis o reconocimiento.*
- *Determinar estados de energía como fuente para conocer la posición en CSSA respecto al posicionamiento acordado.*
- *Definir la ruta de mejora continua, proporcionando información clave al equipo de dirección en tiempo real.*

*La gestión para el desempeño en CSSA, esperada dentro del contexto del MARS, implica la interacción de los sistemas para lograr la característica común esperada. Los indicadores clave de valoración y sus respectivos tableros de control estarán asociados a los resultados espejos de los objetivos y metas acordadas. En este sentido, se asigna una ponderación relativa de **16/100** para la evaluación cuantitativa del modelo.*

6.5.3 La pasión como atributo perimetral en CSSA.

El siguiente atributo, presentado por **Marty** aborda que; *la pasión en el contexto de la interacción entre la promesa y la disciplina en CSSA. Esta cualidad puede manifestarse de diversas maneras, y las características más relevantes que evidencian la presencia de la pasión en CSSA son las siguientes:*

1. Las personas demuestran un compromiso sólido con las funciones de CSSA, tanto en el entorno laboral como en la comunidad en general. Esta pasión se traduce en un enfoque constante en la identificación y mitigación de riesgos.

2. Impulsa a las personas a cumplir y superar las normas y regulaciones relacionadas con la CSSA. Buscan constantemente elevar los estándares y garantizar el cumplimiento.

3. Fomenta la innovación en CSSA, incluyendo la búsqueda de soluciones sostenibles, la reducción de la huella ecológica y la promoción de prácticas seguras, alineadas con la salud mental y amigables con el ambiente.

4. *Individuos apasionados en CSSA a menudo se convierten en líderes ejemplares en sus organizaciones. Inspiran a otros a seguir las mejores prácticas y a adoptar una cultura que integre los esenciales, el servicio, la gente y la gestión para alcanzar un negocio sostenible.*

5. *Refleja una comunicación efectiva sobre los temas de CSSA. Aquellos apasionados en este ámbito pueden transmitir de manera convincente la importancia de estas cuestiones a todas las partes interesadas, haciendo que el mensaje sea preciso, asertivo y fácil de entender.*

6. *Impulsa a las personas a buscar constantemente la mejora continua en los procesos y prácticas relacionados con CSSA. Están dispuestas a aprender de los errores, motivan a encontrar oportunidades e implementan cambios positivos de manera proactiva.*

*Para la evaluación cuantitativa del modelo, se le asigna una ponderación relativa de **24/100**.*

6.5.4 El esfuerzo como atributo perimetral en CSSA.

Marhy *señaló que; para alcanzar un negocio sostenible en CSSA, se evalúa el atributo de **esfuerzo** mediante la combinación de los factores clave de compromiso y foco. Las características sobresalientes dentro de este atributo son evidentes cuando:*

1. Existe un compromiso total en todos los niveles de la organización, desde la alta dirección, encabezada por Manny, hasta los trabajadores de campo como Stuar. Se comparte la responsabilidad de lograr los objetivos de CSSA, trabajando de manera interdependiente para garantizar un compromiso duradero.

2. Se promueve una cultura integral mediante la interacción holística de los niveles de cultura de los sistemas. Un negocio sostenible y resiliente se logrará cuando el esfuerzo apunte a obtener el mayor beneficio con ofertas diamantes, con líderes y pioneros, apuntando a un resultado excepcional.

3. ASPEC será un negocio sostenible y resiliente cuando los sistemas y los factores clave de éxito alcancen su mayor nivel de interacción.

4. Se fomenta una comunicación abierta y transparente en la organización para garantizar que todos estén informados sobre los desarrollos en materia de CSSA.

5. *Los empleados reciben la formación necesaria para desempeñar sus funciones de manera segura y eficiente, y se actualizan regularmente en nuevas prácticas y regulaciones. Pero todo comienza con la internalización del MARS, como el habilitador de apoyo.*

6. *Se promueve el reconocimiento y la recompensa para aquellos empleados que demuestran un compromiso y un enfoque sobresalientes en CSSA. Esto motiva a todos a esforzarse más y a mantener un alto nivel de cultura de negocio sostenible y resiliencia.*

Estas características reflejan la importancia de combinar el compromiso y el enfoque para generar un esfuerzo efectivo en CSSA, esencial para contribuir a los niveles de energía periféricos del modelo y cumplir con las expectativas de negocio sostenible y resiliente en el área de CSSA. Para la evaluación cuantitativa del modelo, se le asigna una ponderación relativa de **22/100**.

6.6 La sostenibilidad del modelo.

Este es el atributo que evalúa el esfuerzo estructural del modelo, ya que resulta de dos factores críticos transversales que, a su vez, responden conjuntamente a la combinación cruzada de los sistemas. Es decir, opera en lo estratégico, operacional, parte dura y parte blanda; a lo largo, ancho, alto y bajo del modelo.

El equipo concluye que; *dentro del MARS en CSSA aplicado a ASPEC, la energía de* **sostenibilidad** *se mide tomando en cuenta diversas fuentes de información, que incluyen los sistemas, factores críticos de éxito y atributos, hasta que todas las energías factibles completen el máximo valor (100 %). Por esta razón, este atributo, llamado sostenibilidad, tiene una ponderación de* **20/100**.

Es relevante destacar que, dentro de la gama de combinaciones que intervienen, incluyendo sistemas, factores críticos de éxito y atributos, se pueden encontrar hasta 68 formas de energía donde el atributo de sostenibilidad puede estar presente. En otras palabras, esto funciona como un escáner que sensibiliza sobre dónde están las causas raíz para determinar las áreas que deben reforzarse en el modelo.

6.7 Resumen Capítulo VI.

El capítulo destaca la importancia de la integración de atributos clave para lograr la sostenibilidad, resiliencia y calidad en la gestión de ASPEC a través del MARS aplicado en CSSA.

79. El mejor beneficio es la transformación integral y consolidación de un enfoque sostenible, adaptado al mercado de energía, contribución a la mitigación ambiental, diversificación de operaciones, prácticas sostenibles para enfrentar desafíos y construir una reputación sólida.

80. La mejor oferta de servicio descansa en la identificación de peligros y análisis de riesgos que cubra los PETA de los negocios, aplicando criterios rigurosos, estrategias específicas y enfoque continuo

81. La mejor gente es el equipo altamente comprometido y disciplinado. Líderes MARS como ejemplos de compromiso, responsable por la aplicación de las normas, leyes, procedimientos, prácticas. Personas con hábitos positivos desarrollados por su conocimiento, habilidad y motivación en el cumplimiento de su trabajo.

82. El mejor resultado combina el foco y la disciplina operacional clave para el éxito. Evidencia mejora continua mediante identificación de peligros, evaluación de oportunidades, y aplicación de la metodología SECRETO.

83. La energía de los factores críticos de éxito se genera a partir de cuatro atributos centrales relacionados con factores críticos de éxito.

84. La promesa de valor busca el desarrollo de una oferta de servicio para revertir daños y desviaciones en CSSA. Representa el trabajo a realizar para la mejora sostenida y revitalización de la cultura organizacional.

85. El compromiso es la elección ética y responsable de acciones satisfecha por reconocer la responsabilidad de las cosas, elegir siempre lo correcto, ser un modelo y convertirse en un promotor del modelo.

86. El foco en la oferta de servicio del MARS en CSSA, está dirigido especialmente en la identificación de peligros y riesgos, abordando las actividades importantes, pero no urgentes, sin descuidar las importantes y urgentes.

87. La disciplina operacional es el establecimiento de hábitos operacionales positivos y eficientes, espejo del compromiso responsable en la parte estratégica de la organización.
88. La estrategia es un atributo de calidad centrada en metas a largo plazo, alineada con la misión y visión de la empresa. Tiene su importancia para la toma de decisiones, adaptación a cambios y respuesta ágil.
89. Los valores son validados mediante la alineación con la misión y visión, promoción de la ética, transparencia y mejora continua.
90. El aprovechamiento de las oportunidades derivadas de la gestión de riesgos y el enfoque estratégico. De esa manera se contribuye a la sostenibilidad y resiliencia del negocio.
91. La efectividad es la sinergia entre disciplina operacional y rendimiento organizacional para lograr resultados deseados. Tiene su importancia en la ejecución diligente y la mejora continua.
92. La interdependencia destaca como el primer atributo de cultura, se enfoca en la colaboración, integración funcional y compromiso sólido de los líderes para abordar desafíos comunes. La interdependencia se valora por su capacidad para identificar peligros y prevenir eventos adversos en diversas áreas simultáneamente.
93. La congruencia es el segundo atributo de cultura, se basa en la aplicación de normativas, comunicación abierta, valores alineados con CSSA y una cultura de responsabilidad individual.
94. La eficiencia es el tercer atributo de cultura que se centra en la mejora constante de procesos, la gestión proactiva de riesgos y la adopción de tecnología e innovación. La responsabilidad individual y la medición de indicadores clave de rendimiento son esenciales para una cultura de eficiencia sólida.
95. La consistencia es el cuarto atributo de cultura y se relaciona con la aplicación coherente de normativas y procedimientos en toda la organización. A través de la estandarización de procesos y el seguimiento regular del desempeño, se busca mantener la coherencia en los resultados y acciones.
96. La alineación es considerada como un pilar fundamental, se enfatiza la transparencia, y la adaptabilidad para lograr la cohesión interna y alcanzar metas comunes en CSSA. Es el canal de comunicación en todos los niveles.
97. El desempeño se utiliza como herramienta para medir el avance en CSSA. Se destaca su papel en la sostenibilidad, el seguimiento

estratégico, la ratificación de valores, el soporte a oportunidades y la contribución a la efectividad.

98. La pasión está relacionada con la interacción entre la promesa y la disciplina, la pasión se manifiesta en el compromiso, elevación de estándares, innovación, liderazgo ejemplar, comunicación efectiva y búsqueda continua de mejora.

99. El esfuerzo es evaluado mediante la combinación de compromiso y foco, destaca el compromiso total en todos los niveles, la promoción de una cultura integral, la comunicación abierta, la formación continua y el reconocimiento.

100. La sostenibilidad del modelo, que evalúa el esfuerzo estructural del mismo, considerando una amplia gama de combinaciones entre sistemas, factores críticos y atributos.

Todos estos aspectos son resumidos en seis (6) hitos a lograr en las interacciones o formas de energías en CSSA:

A. Energía central.
B. Energía resultante de los factores claves de éxito.
C. Energía de los atributos de calidad.
D. Energía de los atributos de cultura.
E. Energía perimetral o de borde.
F. Energía de posicionamiento o negocio sostenible y resiliente.

Capítulo VII
Los protocolos del MARS en CSSA

"Utiliza los habilitadores tecnológicos para darle valor a tu propuesta"

Contenido

- ✓ *Conceptualización*
- ✓ *Energía de sistemas*
- ✓ *Energía central*
- ✓ *Energía de factores críticos de éxito*
- ✓ *Energía de calidad*
- ✓ *Energía de cultura*
- ✓ *Energía perimetral*
- ✓ *Sostenibilidad*
- ✓ *Resumen de los protocolos del MARS en CSSA*

7. Protocolos del MARS en CSSA.

A los efectos de contar con un habilitador para los sistemas que conforman el MARS; a continuación, **Louis**, desarrolla un documento con los **protocolos de la aplicación** del MARS en CSSA dentro de ASPEC, y menciona que allí se plasman las preguntas claves de hitos y formas de cierre de las brechas del modelo. El contenido del documento aplicado a ASPEC es el siguiente:

7.1 Protocolo conceptual.

1. ¿Reconoce que los cambios en CSSA son características permanentes?
2. ¿Considera que los contextos de CSSA pueden obedecer a situaciones planificadas o no?
3. ¿Se enfoca en los resultados para lograr un posicionamiento en CSSA?
4. ¿La respuesta a cambios en la situación se logra a través de la interacción de sistemas?
5. ¿El modelo responde a sistemas y se basa en la combinación de factores de éxito?
6. ¿Los atributos de CSSA surgen de la interacción de factores de éxito?
7. ¿Considera que todo centro de trabajo representa un negocio a desarrollar?
8. ¿En cada centro de trabajo, se identifican los peligros asociados a los PETA?
9. ¿La respuesta a los peligros se da después de definir hacia dónde se quiere llevar el negocio?
10. ¿Utiliza un modelo conformado por sistemas que trabajan de manera holística para afrontar los aspectos de CSSA?
11. ¿La junta de accionistas tiene un documento principal que incluye los resultados del ejercicio de contexto, el posicionamiento y la gobernabilidad organizacional, como parte de los esenciales de conocimientos de la empresa?
12. ¿La política de CSSA y las políticas asociadas son documentos de nivel 2 que la empresa tiene en consideración?

7.2 Protocolo energía de sistemas.

7.2.1 Fundamentos.

1. ¿Ha implementado cambios estructurales significativos para adoptar un enfoque moderno de mejora continua, priorizando la sostenibilidad, calidad, seguridad y bienestar?
2. ¿Promueve la integración de excelencia operativa, ética y tecnologías innovadoras para buscar un posicionamiento sostenible?
3. ¿Los valores centrales incluyen disposición y compromiso de cambio y adaptación, operar con integridad y respeto, estar dispuesto a innovar con responsabilidad y disciplina, y establecer estándares elevados?
4. ¿Lidera la industria de los hidrocarburos y busca equilibrar la demanda energética con la responsabilidad ambiental?
5. ¿Ha definido metas audaces y excepcionalmente retadoras para lograr la neutralidad de carbono, aumentar el uso de fuentes renovables, reducir el consumo de agua y liderar alianzas estratégicas?
6. ¿Se compromete con el desarrollo comunitario sostenible y el cierre de brechas en comunidades afectadas?
7. ¿Fomenta el talento y la diversidad en su organización?
8. ¿Promueve la transparencia y la rendición de cuentas en sus operaciones?
9. ¿Ha desarrollado los documentos requeridos, incluyendo el Contexto transversal, el Posicionamiento de Negocio Sostenible y la Gobernabilidad en CSSA en el nivel 1, así como todas las políticas principales y complementarias de CSSA en el nivel 2?

7.2.2 Oferta de servicios.

1. ¿Tiene un equipo operativo liderado por gerentes de proceso y respaldado por figuras clave para la gestión de servicios de CSSA?
2. ¿El equipo operativo ha recibido capacitación en el uso del modelo MARS y tiene acceso a recursos tecnológicos?
3. ¿Ha definido la cadena de valor de los servicios de CSSA para maximizar, minimizar o mantener elementos según las condiciones actuales y finales, dependiendo de la estrategia deseada?

4. ¿Se ha realizado un análisis preliminar de la cadena de valor y sus atributos en diferentes etapas del servicio para identificar áreas de mejora?

5. ¿Ha caracterizado los tipos de ofertas de servicio de CSSA, desde opciones básicas (BRONCE) hasta las más completas (DIAMANTE), para abordar necesidades específicas?

6. ¿Ha cruzado la cadena de valor de la oferta de servicio con los beneficios potenciales considerando atributos como calidad, cultura, pasión y sostenibilidad en una matriz?

7. ¿Se ha realizado un análisis de sensibilidad que considera diversas opciones en términos de costo y valor para proporcionar una visión completa de las oportunidades de mejora?

8. ¿Utiliza el análisis ERIC para guiar las decisiones sobre actividades que deben ser eliminadas, reducidas, aumentadas o creadas para optimizar la oferta de servicio?

9. ¿La "promesa de valor" alinea las ofertas de servicios con los valores fundamentales y se comunica a través de la gestión operativa?

10. ¿Ha definido los elementos que componen la cadena de valor para cada proceso, equipo, tarea y área (PETA) en el MARS en CSSA?

11. ¿Utiliza los tipos de medidas de control en diferentes fases del servicio, desde la eliminación hasta el reinicio de actividades después de un evento de CSSA?

12. ¿Ha identificado los Factores de Competencia que distinguen la oferta de servicio en diferentes momentos de su ejecución antes, durante y después del servicio?

13. ¿Ofrece los tipos de Ofertas de Servicios en CSSA, adaptados a las necesidades específicas y evaluados en términos de efectividad y rentabilidad?

7.2.3 Gente.

1. ¿Enfatiza que los valores centrales y el propósito son fundamentales para el compromiso responsable de las personas hacia las funciones de CSSA?

2. ¿Promueve un esfuerzo colectivo y excepcional por parte de todo el personal para abordar los desafíos y cambiar la industria en CSSA?

3. ¿Reconoce que las conductas del personal pueden ir más allá de lo que está establecido en documentos oficiales, siempre que estén alineadas con los valores y el propósito de la organización?

4. ¿Relaciona el nivel de exigencia con el compromiso, que a su vez es proporcional al grado de autoridad en la organización en el contexto de CSSA?

5. ¿Destaca la importancia de un sistema de "check & balance" para supervisar las actividades y procesos en CSSA?

6. ¿Enfatiza la necesidad de formar líderes que fomenten la colaboración y la comunicación efectiva en CSSA?

7. ¿Reconoce que para ser líderes efectivos en CSSA, es necesario demostrar compromiso responsable, disciplina y ser personas positivas con hábitos positivos?

8. ¿Promueve la formación de hábitos positivos a través del conocimiento, la habilidad y la motivación en el contexto de CSSA?

9. ¿Resalta la importancia de "¿Pensar en positivo," "Decidir en positivo" y "Hacer en positivo" como elementos clave del sistema gente en CSSA?

7.2.4 Gestión.

1. ¿Comprende y aborda las situaciones clave relacionadas con el contexto de CSSA?

2. ¿Tiene estrategias sólidas para enfrentar las situaciones específicas relacionadas con la sostenibilidad en CSSA?

3. ¿Las estrategias se categorizan de manera adecuada en función de cómo se alinean con los atributos referenciales de la situación?

4. ¿Entiende la brecha entre lo existente y lo esperado en términos de sostenibilidad y CSSA en el contexto de sus situaciones específicas?

5. ¿Sigue los siete pasos para evaluar la situación, incluyendo la identificación de peligros y riesgos, la exposición a agentes involucrados y el cálculo del riesgo inicial?

6. ¿Tiene estrategias claras, como la eliminación y sustitución de peligros, y medidas de prevención, control y recuperación, para tratar las opciones en el contexto de sus situaciones específicas?

7. ¿Mide y evalúa oportunidades en función del cumplimiento de estrategias, cultura organizacional, alineación estratégica y otros factores relacionados con la sostenibilidad en CSSA?

7.3 Protocolo energía central.

7.3.1 El mejor beneficio.

1. ¿Se adapta a los cambios en el mercado de energía y contribuye positivamente a la mitigación de los impactos ambientales y sociales relacionados con la industria de los hidrocarburos?
2. ¿Aprovecha energías emergentes para diversificar sus operaciones, reducir la dependencia de los recursos no renovables y abraza oportunidades de crecimiento en áreas como las energías renovables y la tecnología sostenible?
3. ¿Ha adoptado prácticas de negocio sostenibles y resilientes para enfrentar mejor los desafíos futuros, incluyendo crisis económicas, fluctuaciones en los precios del petróleo y las cambiantes expectativas del mercado?
4. ¿Ha construido una reputación sólida y ganado la confianza de inversores, comunidades y reguladores al demostrar su compromiso con la sostenibilidad y la responsabilidad empresarial, lo que ha llevado a nuevas oportunidades de inversión y colaboración?

7.3.2 El mejor servicio.

1. ¿Identifica peligros y riesgos en todos los aspectos de sus operaciones, incluyendo procesos, equipos, tareas y áreas?
2. ¿Aplica rigurosos criterios de jerarquía de riesgos para priorizar y enfocarse en los riesgos más críticos y urgentes?
3. ¿Ha creado estrategias específicas para afrontar los riesgos prioritarios, incluyendo medidas preventivas, correctivas y de contingencia?
4. ¿Incorpora un enfoque de evaluación de riesgos continuo para adaptarse a los cambios en el entorno y las nuevas amenazas que puedan surgir?
5. ¿Proporciona capacitación y concientización a todo su personal en relación con los riesgos identificados y las medidas de seguridad y mitigación?
6. ¿Garantiza el cumplimiento de todas las regulaciones y estándares de seguridad y medio ambiente aplicables?

7. ¿Tiene planes de contingencia y de recuperación para la preparación y respuesta efectiva a situaciones de crisis?

7.3.3 La mejor gente.

1. ¿Los empleados demuestran estar enamorados de lo que hacen?
2. ¿Se infunde respeto hacia la función de CSSA en la organización?
3. ¿Se propicia la adquisición de experiencia y aprendizaje de oportunidades?
4. ¿Los empleados son modelos en sus respectivos roles?
5. ¿La organización tiene una mentalidad abierta a los cambios?
6. ¿Los empleados están siempre dispuestos a colaborar dentro del MARS en CSSA?
7. ¿Los empleados toman iniciativas para identificar peligros y riesgos dentro de la cadena de valor de CSSA?
8. ¿Los empleados son ejemplos de alineación y comunicación asertiva?
9. ¿Los empleados son eficaces en la resolución de problemas?
10. ¿Los empleados tienen la facultad de ser organizados en sus roles?

7.3.4 El mejor resultado.

1. ¿Se centra en garantizar que el MARS en CSSA funcione sin desviaciones y bajo un proceso continuo de mejora?
2. ¿El enfoque de mejor resultado atiende a las necesidades de la empresa en sus diversas situaciones?
3. ¿El mejor resultado se establece como un reflejo del mejor beneficio para posicionar a la empresa de manera sostenible y resiliente?
4. ¿Asegura que se cumplan los objetivos establecidos por otros sistemas del MARS, especialmente en lo que respecta a las características tanto duras como blandas del modelo, el proceso medular y la gestión de las personas?
5. ¿La mejora continua dentro del MARS se lleva a cabo identificando oportunidades que resulten de la cadena de valor de CSSA y al identificar los peligros y riesgos de los procesos, equipos, tareas y áreas?
6. ¿Se aplican los mínimos mandatorios establecidos en la mejora continua del MARS?
7. ¿Evalúa los límites y consolida las actividades con potencial de aportar un mayor valor en la relación costo-beneficio?

8. ¿El proceso de mejora continua se realiza de manera constante, aplicando una disciplina rigurosa?
9. ¿Se evalúan las oportunidades hasta lograr resultados estructurales en términos de eficiencia, aspectos técnicos, documentación, mantenimiento y cumplimiento legal?
10. ¿El uso de la metodología SECRETO se destaca como la mejor alternativa para respaldar la obtención del mejor resultado en las situaciones analizadas?

7.4 Protocolo energía de factores críticos de éxito.

7.4.1 La promesa de valor.

1. ¿Trabaja de manera constante para obtener un valor resultante, tanto cualitativo como cuantitativo, en las funciones de CSSA?
2. ¿La promesa de valor se enfoca en desarrollar la oferta de servicio para revertir los daños y desviaciones actuales en CSSA y avanzar hacia un negocio sostenible y resiliente?
3. ¿La organización se enfoca en la mejora sostenida para restaurar su reputación y revitalizar la cultura organizacional y social corporativa?
4. ¿Cuenta con una oferta de servicio clara y definida que aplica la cadena de valor en CSSA para atender sus necesidades de manera efectiva?

7.4.2 El compromiso responsable.

1. ¿Acepta el 100% de la responsabilidad de CSSA y ejecuta el principio de "check & balance" de manera impecable para lograr una alineación uniforme y congruente?
2. ¿Demuestra que siempre elige lo correcto, cumpliendo con todas las prácticas y normas, y se convierte en un referente para ganar adeptos en la implantación de cambios?
3. ¿Los líderes son modelos consultados y seguidos por otros, contribuyendo de manera destacada al MARS en CSSA?
4. ¿Los directores promueven hábitos positivos y exhiben comportamientos que los posicionan como embajadores de la cultura de negocio sostenible y resiliente?

7.4.3 El foco o prioridad.

1. ¿Hace foco en la oferta de servicio que cumple con la cadena de valor de eliminar, sustituir, prevenir, observar, recuperar, mitigar, ajustar y reiniciar para evitar la ocurrencia de eventos no deseados?

2. ¿El servicio de identificar peligros y riesgos en los PETA, que es transversal para todos los negocios, tiene un impacto significativo en la productividad de la empresa?

3. ¿Utiliza las estrategias en la etapa de identificar peligros y riesgos para la restauración de operaciones dentro del plan de emergencia y las complementa con la aplicación de mínimos mandatorios?

4. ¿Sigue el criterio establecido por los estándares o normativas dentro de su filosofía empresarial para la gestión de riesgos y la priorización de servicios?

7.4.4 La disciplina operacional.

1. ¿Establece hábitos operacionales positivos y eficientes en toda la organización?

2. ¿El personal en sus distintos roles y responsabilidades satisface con consistencia y efectividad todos los elementos de una ejecución impecable?

3. ¿Cada miembro hace lo que tiene que hacer, donde lo debe hacer, como lo tiene que hacer, cuando lo tiene que hacer y todas las veces que tiene que hacerlo?

4. ¿La organización trabaja continuamente en el liderazgo por influencia para garantizar la disciplina operacional?

5. ¿La disciplina operacional en CSSA refleja los hábitos que todo líder debe exhibir?

6. ¿La disciplina operacional es un factor clave en el éxito sostenible?

7. ¿En la empresa todo depende de manera disciplinada de cómo cada miembro desempeña su rol dentro del contexto para llevar a cabo las responsabilidades y lograr los resultados esperados?

7.5 Protocolo energía de calidad.

7.5.1 La estrategia.

1. ¿Se enfoca en metas y objetivos a largo plazo que van más allá de las preocupaciones inmediatas, permitiendo una planificación estratégica para mantener la sostenibilidad y resiliencia de la empresa?

2. ¿Se asegura de que todas las acciones y decisiones estén alineadas con la misión y visión de la empresa, garantizando una dirección coherente y un propósito claro, y considera los impactos económicos, sociales y medioambientales de las decisiones y acciones?

3. ¿La estrategia incorpora la promesa de valor de identificar peligros y riesgos en procesos, equipos, tareas y áreas, contribuyendo a la seguridad y calidad de los servicios de CSSA?

4. ¿Se adapta a un entorno en constante cambio y anticipa obstáculos para afrontarlos de manera efectiva, considerando el impacto de factores políticos, económicos, sociales y tecnológicos para la resiliencia empresarial?

5. ¿La estrategia proporciona una base sólida para la toma de decisiones, asegurando que las acciones de la empresa estén respaldadas por un análisis estratégico y una comprensión profunda de los desafíos y oportunidades?

6. ¿Tiene en cuenta la necesidad de ajustar y modificar las acciones en función de las circunstancias cambiantes, permitiendo una respuesta ágil a los cambios en el entorno de CSSA?

7.5.2 La validación de los valores.

1. ¿Existe un compromiso responsable visible de las personas en sus roles y responsabilidades para vivir y promover los valores de la empresa en todas las operaciones de CSSA?

2. ¿Se asegura que las acciones y decisiones estén en consonancia con la misión y visión de la empresa basadas en valores centrales para reforzar la coherencia operativa y el logro de objetivos estratégicos?

3. ¿Cada miembro asume su responsabilidad en la promoción de los valores centrales y la calidad en la prestación de servicios de CSSA?

4. ¿Se enfoca en promover una cultura de transparencia y ética en todos los negocios y procesos medulares para generar confianza entre accionistas y partes interesadas?

5. ¿Se ha construido y se mantiene una cultura organizativa sólida en la que los valores son parte integral de su identidad?

6. ¿Se promueve la mejora continua en la aplicación de los valores, lo que permite a la empresa adaptarse a los cambios y desafíos de manera efectiva?

7. ¿Se fomenta la colaboración y el trabajo en equipo, ya que las personas comparten un compromiso común con los valores de la empresa?

8. ¿La empresa es más resiliente al asegurar que los valores sean una guía en tiempos de cambio y adversidad?

9. ¿La valoración de valores se traduce en la prestación de servicios de CSSA de alta calidad, ya que los valores orientan el servicio al cliente de manera positiva?

7.5.3   La oportunidad.

1. ¿Se centra en la identificación de peligros y el análisis de riesgos en los procesos, equipos, tareas y áreas aplicando los criterios de jerarquía de riesgos y cumplimiento de los mínimos mandatorios?
2. ¿Promueve constantemente la mejora en la identificación de peligros y análisis de riesgos para mantenerse al tanto de las mejores prácticas y adaptarse a las nuevas circunstancias en beneficio de la sostenibilidad del negocio?
3. ¿Se asegura de que todas las acciones y decisiones estén en línea con su misión y visión para proporcionar una dirección clara y un propósito compartido?
4. ¿Tiene la capacidad de adaptarse a los cambios en el entorno de CSSA y anticipar oportunidades emergentes para el negocio?
5. ¿La organización fomenta una cultura proactiva en la gestión de riesgos, lo que ayuda a prevenir problemas antes de que ocurran y a minimizar su impacto?
6. ¿La empresa es más resiliente al identificar y afrontar los riesgos potenciales, lo que le permite mantener su capacidad de funcionar en situaciones adversas?

7.5.4   La efectividad.

1. ¿Aborda eficazmente los seis pilares de la disciplina operativa en su enfoque hacia el posicionamiento de negocio sostenible?
2. ¿La efectividad en CSSA se traduce en la capacidad de obtener resultados deseados con solidez y seguridad?
3. ¿Demuestra consistencia en la ejecución diligente de las tareas y actividades dentro del MARS en CSSA, encaminada hacia la consecución de resultados preestablecidos?
4. ¿La adopción de los protocolos MARS se ha convertido en un vehículo idóneo para fomentar un nivel de efectividad en el intercambio de rendimiento y la disciplina operativa?
5. ¿La omisión de los protocolos MARS suscita incertidumbre respecto a la consecución de resultados o la posibilidad de una solución fundamentada en estructuras sólidas?

6. ¿La efectividad se convierte en un faro guía que orienta la ejecución hacia resultados sobresalientes y contribuye a la mejora continua?

7.6 Protocolo energía de cultura.

7.6.1 La interdependencia.

1. ¿Reconoce la interconexión e integración funcional de manera holística en todas las funciones de CSSA, lo que permite intervenir en la identificación de peligros y riesgos con repercusiones en todas las funciones?

2. ¿La oferta de servicios de identificar peligros y analizar riesgos de procesos, equipos, tareas y áreas se implanta de manera coordinada en todas las dimensiones de CSSA y cumple con los mínimos mandatorios?

3. ¿Fomenta la colaboración activa entre los departamentos responsables de CSSA para abordar desafíos comunes y encontrar soluciones que beneficien a todas las áreas, promoviendo la idea de consultores integrales de CSSA?

4. ¿Los líderes demuestran un compromiso sólido de manera proactiva y lo respaldan con decisiones, acciones y hechos concretos?

5. ¿La organización proporciona formación adecuada a los empleados para que comprendan cómo sus roles individuales contribuyen a la gestión eficaz de CSSA, creando conciencia sobre la importancia de mantener altos estándares en CSSA?

7.6.2 La congruencia.

1. ¿Aplica de manera consistente todas las normativas y regulaciones relacionadas con la calidad, la salud, la seguridad y el ambiente en todos sus procesos y operaciones?

2. ¿La organización fomenta una comunicación abierta y transparente en todos los niveles, compartiendo información sobre aspectos relacionados con CSSA de manera clara y accesible para los empleados y partes interesadas?

3. ¿Evidencia que sus valores y su misión están alineados con los principios de CSSA, operando de manera coherente con sus valores y buscando la sostenibilidad y el respeto por el medio ambiente y la salud y seguridad de las personas?

4. ¿Demuestra una fuerte cultura de responsabilidad, donde los empleados se sienten responsables de su propio comportamiento y de contribuir al cumplimiento de los objetivos de CSSA de la empresa?

5. ¿Promueve la mejora continua en todas las áreas relacionadas con CSSA, buscando constantemente formas de mejorar sus prácticas y reducir su impacto en el medio ambiente, manteniendo altos estándares de calidad y seguridad?

7.6.3 La eficiencia.

1. ¿Promueve un compromiso continuo con la excelencia operativa, buscando constantemente formas de mejorar los procesos, reducir costos y minimizar los riesgos para la calidad, la salud, la seguridad y el medio ambiente?

2. ¿La organización prioriza la identificación y gestión proactiva de riesgos, incluyendo la evaluación regular de peligros y riesgos potenciales en todas las operaciones, y la implementación de medidas preventivas y correctivas efectivas?

3. ¿Promueve la formación continua para garantizar que los empleados estén al tanto de las últimas mejores prácticas y regulaciones en las áreas críticas de CSSA?

4. ¿Adopta tecnología y enfoques innovadores para mejorar la eficiencia en CSSA, fomentando la investigación y el desarrollo de soluciones tecnológicas que permitan una gestión más eficiente de CSSA?

5. ¿Promueve la responsabilidad individual y colectiva en la gestión de CSSA, incluyendo la rendición de cuentas por acciones y decisiones que puedan afectar la CSSA?

6. ¿La organización mide y hace seguimiento de indicadores clave de rendimiento relacionados con CSSA, enfatizando la importancia de recopilar datos precisos, analizar tendencias y comunicar los resultados tanto internamente como a partes interesadas externas?

7.6.4 La consistencia.

1. ¿Aplica las normativas y procedimientos de manera uniforme en toda la organización y en todas las ubicaciones, garantizando que no haya brechas en el cumplimiento de los estándares de CSSA?

2. ¿La organización cumple de manera constante con todas las regulaciones y leyes relacionadas con CSSA, incluyendo el

mantenimiento de registros precisos y la realización de auditorías internas para garantizar el cumplimiento continuo?

3. ¿Es coherente y transparente en la comunicación interna y externa en CSSA, compartiendo información relevante de manera constante y precisa tanto dentro de la organización como con las partes interesadas externas?

4. ¿Ha logrado la estandarización de procesos en CSSA, con procedimientos documentados y conocidos por el personal, que se aplican de manera coherente en todas las operaciones?

5. ¿Realiza un seguimiento regular del desempeño en términos de CSSA, incluyendo la recopilación de datos, el análisis de tendencias y la toma de medidas correctivas cuando sea necesario para mantener la coherencia en los resultados?

6. ¿Los empleados comprenden su papel en la aplicación de políticas y procedimientos, y mantienen la consistencia en sus acciones y decisiones relacionadas con CSSA?

7.7 Protocolo energía perimetral.

7.7.1 La alineación.

1. ¿Tiene claridad y significado del posicionamiento de Negocio Sostenible para poder alinear a todo el personal?

2. ¿Establece objetivos individuales y organizacionales que definen la promesa de valor y el compromiso responsable en CSSA?

3. ¿Define estrategias pertinentes para lograr el beneficio esperado en CSSA, haciendo foco en las necesidades del momento en el que se está operando?

4. ¿Realiza un seguimiento constante de la estrategia de CSSA para introducir cambios necesarios y asegurarse de que todo el personal esté alineado?

5. ¿Se establecen indicadores clave de esfuerzos y resultados, tanto individuales como de procesos medulares y globales de contexto en CSSA?

6. ¿Define un sistema de reconocimiento individual, de procesos medulares y global por objetivos alcanzados en el ámbito de CSSA?

7. ¿Se promueve la alineación de esfuerzos de los equipos y departamentos, incluyendo operaciones, mantenimiento, logística y CSSA, para cumplir los objetivos del Negocio Sostenible?

8. ¿Garantiza que los equipos remen en la misma dirección y desarrollen una estrategia común para cumplir los objetivos personales, organizacionales y corporativos?
9. ¿Existe un principio de "check & balance" para investigar desviaciones y recuperar antes de que ocurra un evento lamentable en CSSA?

7.7.2 El desempeño.

1. ¿Utiliza el desempeño y la gestión como instrumentos para evaluar su progreso en CSSA y asegurarse de que está en el camino correcto para alcanzar sus objetivos estratégicos y metas?
2. ¿Demuestra una gestión exitosa en el ámbito de CSSA?
3. ¿Evalúa si está aprovechando las oportunidades para enfrentar los retos y desafíos en el área de CSSA?
4. ¿El desempeño en CSSA mide la sostenibilidad y se complementa con la alineación?
5. ¿Realiza un seguimiento constante de la estrategia de CSSA y combina el desempeño con la promesa de valor?
6. ¿Ratifica los valores en CSSA y se asegura de que se complementen con el compromiso responsable?
7. ¿El desempeño en CSSA opera con un enfoque en oportunidades y servicio?
8. ¿El desempeño en CSSA contribuye a la efectividad y se conjuga con la disciplina operacional?

7.7.3 La pasión.

1. ¿Los empleados muestran un compromiso firme con la seguridad y la salud de las personas en el entorno laboral y en la comunidad en general?
2. ¿El personal demuestra pasión por cumplir y superar las normas y regulaciones relacionadas en CSSA?
3. ¿La pasión en CSSA ha impulsado a la empresa a buscar soluciones innovadoras y sostenibles, reduciendo su huella ecológica y promoviendo prácticas seguras y respetuosas con el medio ambiente?
4. ¿Los individuos apasionados en CSSA se convierten en líderes ejemplares y motivan a otros a seguir las mejores prácticas en CSSA?
5. ¿La comunicación sobre temas de CSSA es efectiva y convincente, transmitiendo la importancia de estas cuestiones a todas las partes interesadas?

6. ¿Busca constantemente la mejora continua en los procesos y prácticas relacionados con CSSA, aprendiendo de los errores y promoviendo cambios positivos de manera proactiva?

7.7.4 El esfuerzo o empeño.

1. ¿Existe un compromiso total de los niveles de la organización, desde la alta dirección hasta los trabajadores de campo, para lograr los objetivos de CSSA y trabajar de manera interdependiente para garantizar un compromiso duradero?

2. ¿Se enfoca en desarrollar el mejor servicio de la cadena de valor y toma medidas proactivas para prevenir eventos que puedan afectar el negocio sostenible, incluyendo la identificación y mitigación de peligros y riesgos?

3. ¿Se promueve una cultura integral con la interacción holística de los niveles de cultura de los sistemas, donde el esfuerzo apunte a obtener el mayor beneficio con la mejor oferta de servicio, la mejor gente y el mejor resultado para el negocio sostenible resiliente?

4. ¿Hay una comunicación abierta y transparente en los niveles de la organización para mantener a todos informados sobre los desarrollos en materia de CSSA?

5. ¿Los empleados reciben la formación necesaria para desempeñar sus funciones de manera segura y eficiente en CSSA, y se actualizan regularmente en nuevas prácticas y regulaciones, comenzando con la internalización del MARS?

6. ¿Se promueve el reconocimiento y la recompensa para aquellos empleados que demuestran un compromiso y un enfoque sobresalientes en CSSA, motivando a todos a esforzarse más y a mantener un alto nivel de cultura de negocio sostenible y resiliencia?

7.8   Protocolo de sostenibilidad.

1. ¿Demuestra un esfuerzo estructural en su modelo de negocio para lograr la sostenibilidad, considerando tanto factores críticos transversales como la combinación cruzada de sistemas en lo estratégico y operacional?

2. ¿La energía de sostenibilidad se mide desde los valores centrales de la empresa (sistema fundamentos) y se extiende a través de la oferta de servicio de identificación de peligros y análisis de riesgos aplicados en la cadena de valor y mínimos mandatorios, involucrando a toda la

organización en sus distintos negocios y niveles de roles y responsabilidades?

3. ¿Se consideran los factores críticos de éxito y los atributos que resultan de ellos para que todas las energías factibles completen el máximo valor (100%) en términos de sostenibilidad?

4. ¿Se utiliza un enfoque de escáner que identifica hasta 68 formas de energía donde el atributo de sostenibilidad puede estar presente, lo que permite detectar las causas raíz y determinar las áreas que deben ser reforzadas en el modelo de negocio?

7.9 Resultados de los protocolos en CSSA.

Manny al presentar los resultados de aplicar la línea base de los protocolos del MARS en CSSA para la empresa ASPEC (Figura 7.9), menciona que; *luego de avanzar en buena medida con los fundamentos y la aplicación de las estrategias contenidas en el plan táctico de emergencia, el avance a la fecha es el siguiente:*

a. Sin duda que la empresa ha experimentado un avance significativo hacia la conquista de ser un negocio sostenible y resiliente, con un valor de cultura de 48%.

b. Los sistemas que presentan más rezago respecto a la referencia son los relacionados con servicios y gestión con 45% y 21% respectivamente. Hay que seguir profundizando en esas áreas.

c. Los factores claves de éxito con mayor oportunidad son la necesidad de foco (26%) y mayor disciplina (44%).

d. Para tener una mejor oferta y un mejor resultado, se deben cerrar el complemento del valor actual de 41% y 36% respectivamente.

e. El aprovechamiento de las oportunidades (32%) y la efectividad (41%) son los atributos de calidad que presentan mayores brechas.

f. Finalmente, el desempeño de 38% representa el factor perimetral más bajo, debido a la necesidad de mejorar en el lado operativo del sistema.

Nos vemos en nuestra próxima reunión de seguimiento

MARS APLICADO A CALIDAD, SALUD, SEGURIDAD Y AMBIENTE

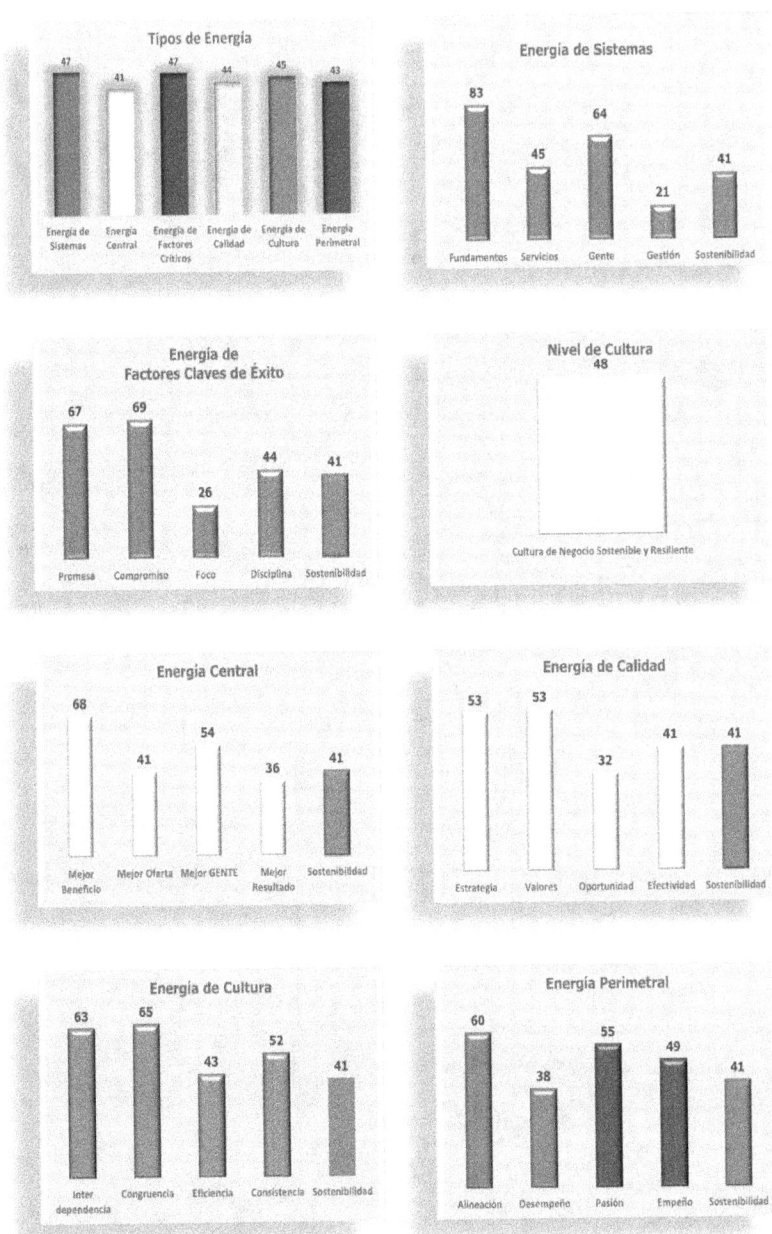

Figura 7.9 Tablero de Control del MARS en CSSA

¡Tenemos que seguir adelante en nuestra misión de hacer de ASPEC una empresa sostenible y resiliente!

www.ingramcontent.com/pod-product-compliance
Lightning Source LLC
Chambersburg PA
CBHW052200220526
45471CB00004B/1753